厦门市建设工程施工现场围挡图集

（2017版）

厦 门 市 建 设 局　组织编写

厦门陆原建筑设计院有限公司
厦门市建设工程质量安全监督站　主 编

郑州中兴工程监理有限公司厦门分公司　参 编

厦门大学出版社　国家一级出版社
XIAMEN UNIVERSITY PRESS　全国百佳图书出版单位

《厦门市建设工程施工现场围挡图集》（2017版）编委会

主 任 委 员　陈锦良

副 主 任 委 员　庄毅伟

委　　　　员　张清辉　蔡森林　林联泉　张元安　刘以汉　郭炜锋　姚永黎　张红发　马金辉

主　　　　编　蔡森林

常 务 副 主 编　张红发

副　主　编　郝　博　张清辉　刘以汉　邓建宇

编 制 人 员　郝　博　宋子骁　郭炜锋　林伟煌　郑丽娇　姚永黎　纪文杰　林杨辉　汪贵雄　陈　芬

　　　　　　　苏日娜　郑启洪　陈忠津　林万明　林建国　卢智强　郭　凯　孟　强　周　彤　丁　婷

　　　　　　　李　慧　马重阳　林佳盈　王红旗　林　炜　张志伟　杨海平　郭　军　黄茂能　陈清凉

　　　　　　　赫宁宁　黄锦昌　李诗龄　陶　挺　解　静　杨志远　王毓希　汪彬彬　许水忠　王东林

组 织 编 写 单 位　厦门市建设局

主　编　单　位　厦门陆原建筑设计院有限公司

　　　　　　　　厦门市建设工程质量安全监督站

参　编　单　位　郑州中兴工程监理有限公司厦门分公司

前　言

　　《厦门市建设工程施工现场围挡图集》第一册、第二册分别于 2012 年 5 月及 2015 年 6 月发行实施后，对改善市容市貌、提升厦门市建筑行业管理水平以及在建设领域全面推行标准化管理，起到显著的作用，得到了业界广泛好评。2016 年"莫兰蒂"台风过后，我市全面开展灾后重建及景观提升工作。借此契机，为进一步加强城市建设管理，编委会多次到在建工地实地考察，听取了施工、监理单位的意见和建议，决定编写《厦门市建设工程施工现场围挡图集》2017 版。2017 版围挡图集对第一册、第二册内容进行了整理和优化，增加了垂直绿化式围挡，对围挡喷绘图案进行了全面设计和更新，固定排版次序、增宽图幅。结合滨海城市风貌、闽南建筑风格、市花市树市鸟图案等主题，使围挡设计更加美丽大方，更具现代城市特色，与周边环境更加协调、融合，体现了与时俱进的精神文明风貌。2017 版围挡图集出版后，第一册与第二册图集将停止使用，也敬请注意。

　　2017 版围挡图集共分为五章，主要包括装配式围挡效果图及施工图、砌筑式围挡效果图及施工图、垂直绿化式围挡效果图及施工图、工地大门效果图及施工图、构造做法等内容。图集以文字说明、效果图及施工图相结合的形式，详细描绘了各种围挡的样式与做法及版面样式等，具有较强的实用性和指导性。

　　由于时间仓促，编写人员水平有限，难免存在不当或错漏之处，恳请各使用方提出宝贵意见和建议，以便我们进一步修订和完善。本图集在编写过程中，得到了上级领导、相关部门和专家的大力支持和指导，在此一并表示感谢。

《厦门市建设工程施工现场围挡图集》编委会

二〇一七年六月

目　录

第四章　工地大门

第五章　构造做法

附　录

总 说 明

1. 编制依据

1.1 主要规范标准

《建筑结构荷载规范》　　　　　GB 50009-2012

《建筑地基基础设计规范》　　　GB 50007-2011

《砌体结构设计规范》　　　　　GB 50003-2011

《钢结构设计规范》　　　　　　GB 50017-2003

《冷弯薄壁型钢结构技术规程》　GB 50018-2016

《金属面聚苯乙烯夹芯板》　　　JC 689-1998

《建筑用压型钢板》　　　　　　GB/T 12755-2008

《建筑施工安全文明工地标准》　DBJ 13-81-2006

《建筑施工安全检查标准》　　　JGJ 59-2011

《建筑施工现场环境与卫生标准》JGJ 146-2013

2. 适用范围

2.1 本图集适用于一般工业与民用建筑工程、市政工程等施工工地。

2.2 结构安全等级三级,重要性系数0.9。

2.3 基本风压按厦门地区10年一遇的风压取值,$W_0=0.5kN/m^2$。
　　除特殊注明外,地面粗糙度均为A类。

3. 图集内容

本图集设计内容为装配式围档、砌筑式围档、垂直绿化式围挡、工地大门和构造做法五部分,结合厦门市使用特点编制。

4. 装配式围挡采用材料及施工要求

4.1 立柱、横梁及卡槽:构件材料材质均参照《碳素结构钢》(GB/T 700),选用材质均为Q235,立柱采用150X150X5方钢管,横梁采用80X80X4方钢管,卡槽为55X30X2槽钢。立柱上开孔与横梁固定,横梁和卡槽焊为整体;立柱后加角钢L75X6斜支撑;立柱底和斜撑底均采用预埋螺栓与基础连接固定。

4.2 墙面板:采用50mm聚苯乙烯夹芯板,面板和底板均用0.426厚彩钢板,颜色按现场搭配确定;墙板上下用卡槽固定,墙板两侧设有凹凸槽,墙板之间利用凹凸槽连接扣紧;上横梁采用彩板包边,部分围挡采用铝塑板包边和不锈钢线条。

4.3 装配式围挡安装顺序为:预埋件 —立柱(斜支撑)安装—下横梁穿入立柱固定—墙面板滑入底横梁卡槽,墙板与墙板扣紧—上横梁穿入立柱,上横梁卡槽扣紧墙面板—盖紧立柱盖帽灯具钻孔固定。

4.4 构件焊接采用E43型焊条,质量符合《碳钢焊条》(GB/T 5117)的规定;构件对接焊缝为坡口熔透焊,质量等级为二级,未注明的非熔透焊缝质量等级为三级,角焊缝等为三级。高强螺栓、螺母和垫圈采用《优质碳素结构钢技术条件》(GB 699)中钢材制作,其热处理、制作和技术要求符合《钢结构用扭剪型高强螺栓连接副技术条件》(3632~3633)的规定,本图集未特别注明的均为10.9级扭剪摩擦型高强螺栓。

4.5 钢构制作安装施工参照《钢结构工程施工质量验收规范》(GB 50205)施工。

4.6 所有外露钢构件除锈后涂刷环氧富锌底漆60μm,氯化橡胶面漆60μm,总厚度不低于120μm。

4.7 装配式围挡底部的砌体材料及砌体施工要求同以下砌筑式围挡的要求。

4.8 若现场围挡长度与本图集的模数尺寸不相适应,应减小柱距。

4.9 根据《福建省住房和城乡建设厅关于强化市政工程施工围挡标准化管理的通知》(闽建建[2017]11号),施工工期在30天及以下的市政工程作业面,应采用移动式全塑注水围挡进行路面全封闭围挡,相邻移动式全塑注水围挡使用固定螺杆连接成整体,增强围挡整体稳定性。

总说明

总　说　明

5. 砌筑式围挡采用材料及施工要求

5.1 砌体：本图集砌体材料采用以页岩、煤矸石、粉煤灰为主要原料的烧结多孔砖与普通砖，砖强度等级不低于MU10且砖的容重应不小于13 KN/m³。

5.2 砂浆强度：除注明外，地面以下砌筑的砂浆应采用M7.5水泥砂浆，地面以上的砌筑用砂浆应采用M5混合砂浆（砂浆不得采用红黏土作为砂浆掺合料）。

5.3 Φ表示HPB300热轧钢筋；Φ表示HRB400热轧钢筋。

5.4 构造柱、圈梁、压顶梁、混凝土线条及预制构件的混凝土强度等级不低于C20。

5.5 施工质量控制等级为B级，各部位做法均应符合我国现行各单项施工操作规程及施工质量验收规范规定。砖柱不得采用包心砌法，砖墙不得采用空斗墙。

5.6 砌筑施工顺序为先预留构造柱钢筋，然后砌筑墙体，再浇筑构造柱混凝土，最后施工圈梁、压顶梁及相关线条。

5.7 围挡伸缩缝设置最大间距为30 m。

5.8 砌筑式围挡及大门凡出挑处均应做出滴水线。

5.9 围挡内侧墙面仅做至抹灰面层，可不刷外墙涂料。

5.10 需要固定灯具及大门等连接件的部位，采用现浇或预制混凝土块。

5.11 构造柱、圈梁及压顶梁的钢筋保护层为25 mm，线条挑板的保护层为20 mm。构造柱纵筋应尽量不截断，如需截断则纵筋搭接长度应满足La要求，且应错开搭接。

5.12 构造柱应设置马牙槎如图1，且构造柱与墙体之间应设置拉结筋如图2。

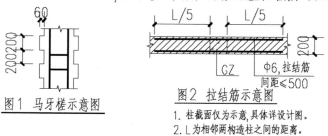

图1 马牙槎示意图

图2 拉结筋示意图

1. 柱截面仅为示意，具体详设计图。
2. L为相邻两构造柱之间的距离。

6. 基础设计要求

6.1 基础持力层应为稳定的老土层，且地基承载力特征值 ≥ 80 KPa，若现场地质条件不同或条件限制埋深不同，应另委托有资质单位设计。

6.2 除特殊注明外，基础混凝土强度等级均为C25。

6.3 基础周边的回填土应夯实，压实系数0.94，且土容重≥16 KN/m³。

7. 电气专业说明

7.1 主要规范标准

《建筑电气工程施工质量验收规范》　GB 50303

《施工现场临时用电安全技术规范》　JGJ 46

《建设工程施工现场供用电安全规范》　GB 50194

7.2 本图集中灯具仅为示意，具体样式由建设方参照图集自定。灯具光源采用8W LED节能灯，灯具防护等级应不低于IP65。

7.3 灯具照明系统根据具体施工现场确定照明供电回路和照明配电箱规格。各照明回路应装设剩余电流动作保护器。照明配电箱安装位置根据具体施工现场确定。

7.4 围挡照明回路均采用BV-750导线穿阻燃PVC管沿围挡内侧墙体明敷。管线敷设按国家标准图集98D301-2第6页施工。各照明回路应考虑线路压降的影响，2.5 mm²导线不大于100 m，4 mm²导线不大于150 m。

7.5 导线穿管规格为3X2.5穿D16管，3X4穿D20管。

7.6 照明配电箱及系统应符合《施工现场临时用电安全技术规范》（JGJ 46）。

7.7 根据《福建省住房和城乡建设厅关于强化市政工程施工围挡标准化管理的通知》（闽建建[2017]11号），影响交通的市政工程作业面及受影响区域，应按要求设置告示牌，做好道路引导标志和警示标志，夜间应在围挡上设置警示红灯。

8. 喷淋装置说明

总说明												
审定	郝博	郝博	审核	陈芬	陈芬	校对	郑丽娇	郑丽娇	设计	宋子骁 苏日娜	宋子骁 苏日娜	页 2

总 说 明

为了防止施工灰尘污染环境，在围墙上设置DN20的给水管及水雾喷头，给水管道就近接自市政绿化给水管网，并根据现场需要进行围挡区域性控制，水雾喷头间距1.0~2.0m。

9. 户外围挡广告施工工艺

9.1 户外围挡广告灯布

9.1.1 材质：520广告灯布或550广告灯布。

9.1.2 工艺要求：高清喷绘（图片分辨率不低于300DPI）。

9.1.3 安装流程：灯布四周打安装孔扣—对角拉平灯布—安装扣内—打自攻螺丝用压条加固四周（压条压平灯布使外围空气不流入灯布内）。

9.2 户外广告车贴

9.2.1 材质：户外广告车贴。

9.2.2 工艺要求：高清喷绘（图片分辨率不低于300DPI）。

9.2.3 安装流程：清洁围挡板面—喷湿板面和广告车贴底—用专用刮卡刮平广告车贴（除去多余气泡）—抹布清洁广告画面。

9.3 围挡外贴喷绘布应采用高质量喷绘广告布或车贴，其分辨率应不低于40DPI。广告布粘贴应平整、牢固，边角部位应采取防止卷边和脱落的措施。

10. 垂直绿化围挡采用材料及施工要求

10.1 本图集中各类垂直绿化式围挡均以装配式围挡、砌筑式围挡为基础，在围挡外墙面上安装种植盆，故围挡墙面主体应符合对应的装配式围挡、砌筑式围挡施工要求。

10.2 种植盆选用成品PVC的，尺寸、颜色应符合相应要求，安装方式采用挂钩式或螺栓紧固式（选用紧固式螺栓应与种植槽配套）；选用钢板焊接的，焊接材料、焊缝处理也应与砌筑式围挡所用钢材处理相同，涂饰外漆应符合设计要求。

10.3 绿化材料的选择：

（1）垂直绿化植物的立地条件比较差，选用的植物材料应具有浅根性、耐瘠薄、耐干旱、耐水湿、对阳光有高度适应性的特点。

（2）根据覆土条件限制，应选择袋装苗，直接放置在种植盆内。

（3）墙面植物可根据季节性变化选择不同的时令花卉加以装饰，或可以选择常春藤、爬山虎等，具体由施工单位报送建设单位另行指定。

11. 其他统一说明

11.1 本图集中各类混凝土、砌体、金属面外饰做法根据立面标注按本图集第108、109页选用。

11.2 尺寸单位除注明外，本图集尺寸标注均以毫米为单位，标高以米为单位。

总说明											
审定	郝博		审核	陈芬		校对	郑丽娇		设计	宋子骁 苏日娜	页 3

第一章　装配式围挡

A1型装配式围挡效果图

A1型装配式围挡贴图排版顺序

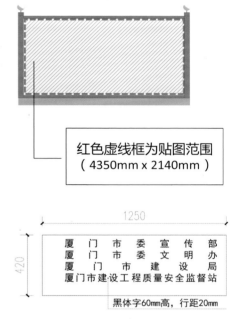

红色虚线框为贴图范围
（4350mm x 2140mm）

4、8、12、16号图，右下角图框内应添加宣传单位名称，其中区管工程可在"厦门市建设局"下方添加一行"厦门市某某区建设局"；同时"厦门市建设工程质量安全监督站"替换为"厦门市某某区建设工程质量安全监督站"。

本贴图一共四组，1、2、3、4号图为组一，5、6、7、8号图为组二，9、10、11、12号图为组三，13、14、15、16号图为组四，每组图片由海洋主题、凤凰木主题、白鹭主题、讲文明树新风主题各一张图片组成，建议按顺序喷绘。

A2型装配式围挡效果图

A2型装配式围挡贴图排版顺序

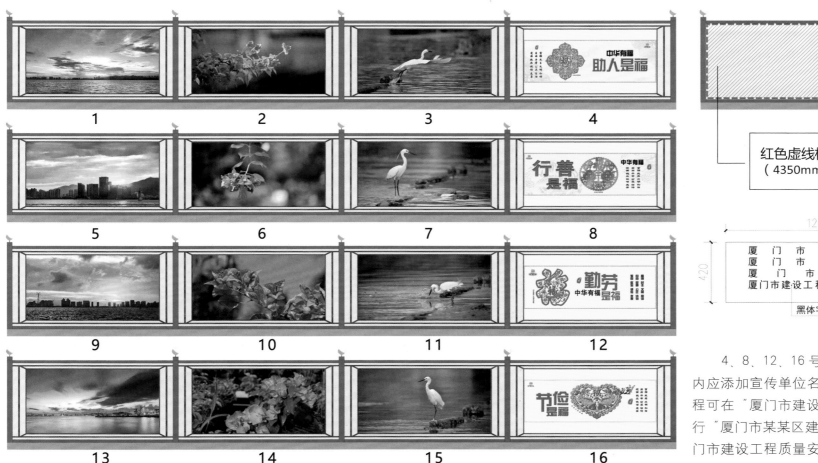

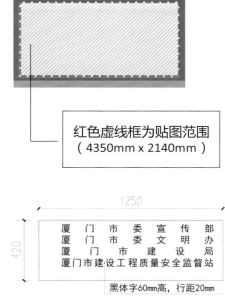

红色虚线框为贴图范围
（4350mm x 2140mm）

1250

420

| 厦 门 市 委 宣 传 部 |
| 厦 门 市 委 文 明 办 |
| 厦 门 市 建 设 局 |
| 厦门市建设工程质量安全监督站 |

黑体字60mm高，行距20mm

4、8、12、16号图，右下角图框内应添加宣传单位名称，其中区管工程可在"厦门市建设局"下方添加一行"厦门市某某区建设局"；同时"厦门市建设工程质量安全监督站"替换为"厦门市某某区建设工程质量安全监督站"。

本贴图一共四组，1、2、3、4号图为组一，5、6、7、8号图为组二，9、10、11、12号图为组三，13、14、15、16号图为组四，每组图片由海洋主题、三角梅主题、白鹭主题、讲文明树新风主题各一张图片组成，建议按顺序喷绘。

A3型装配式围挡效果图

A3型装配式围挡贴图排版顺序

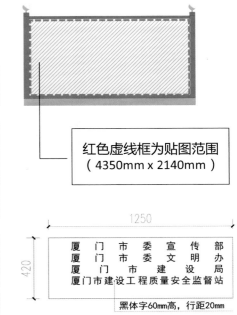

红色虚线框为贴图范围
（4350mm x 2140mm）

1250

420

厦 门 市 委 宣 传 部
厦 门 市 委 文 明 办
厦 门 市 建 设 局
厦门市建设工程质量安全监督站

黑体字60mm高，行距20mm

4、8、12、16号图，右下角图框内应添加宣传单位名称，其中区管工程可在"厦门市建设局"下方添加一行"厦门市某某区建设局"；同时"厦门市建设工程质量安全监督站"替换为"厦门市某某区建设工程质量安全监督站"。

本贴图一共四组，1、2、3、4号图为组一，5、6、7、8号图为组二，9、10、11、12号图为组三，13、14、15、16号图为组四，每组图片由海洋主题、三角梅主题、白鹭主题、讲文明树新风主题各一张图片组成，建议按顺序喷绘。

A4型装配式围挡效果图

A4型装配式围挡贴图排版顺序

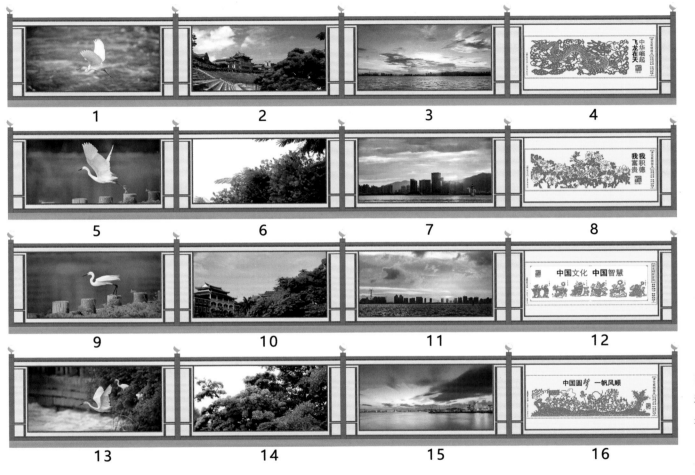

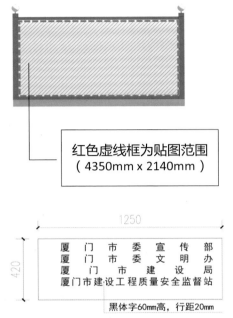

红色虚线框为贴图范围
（ 4350mm x 2140mm ）

1250

420

厦 门 市 委 宣 传 部
厦 门 市 委 文 明 办
厦 门 市 建 设 局
厦门市建设工程质量安全监督站

黑体字60mm高，行距20mm

4、8、12、16 号图，右下角图框内应添加宣传单位名称，其中区管工程可在"厦门市建设局"下方添加一行"厦门市某某区建设局"；同时"厦门市建设工程质量安全监督站"替换为"厦门市某某区建设工程质量安全监督站"。

本贴图一共四组，1、2、3、4 号图为组一，5、6、7、8 号图为组二，9、10、11、12 号图为组三，13、14、15、16 号图为组四，每组图片由白鹭主题、凤凰木主题、海洋主题、讲文明树新风主题各一张图片组成，建议按顺序喷绘。

A5型装配式围挡效果图

A5型装配式围挡贴图排版顺序

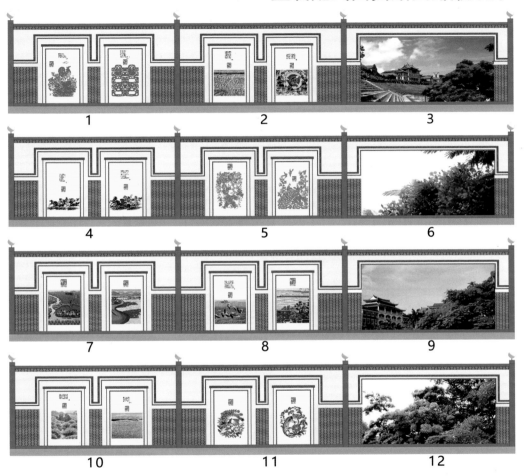

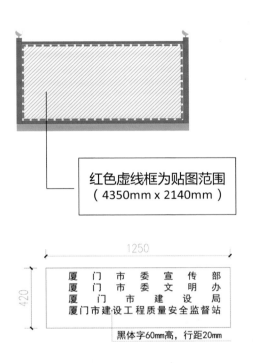

红色虚线框为贴图范围
（4350mm x 2140mm）

1250

420

厦 门 市 委 宣 传 部
厦 门 市 委 文 明 办
厦 门 市 建 设 局
厦门市建设工程质量安全监督站

黑体字60mm高，行距20mm

3、6、9、12号图，右下角图框内应添加宣传单位名称，其中区管工程可在"厦门市建设局"下方添加一行"厦门市某某区建设局"；同时"厦门市建设工程质量安全监督站"替换为"厦门市某某区建设工程质量安全监督站"。

本贴图一共四组，1、2、3号图为组一，4、5、6号图为组二，7、8、9号图为组三，10、11、12号图为组四，每组图片由讲文明树新风主题两张、凤凰木主题一张图片组成，建议按顺序喷绘。

A6型装配式围挡效果图（凤凰木主题）

A6型装配式围挡贴图排版顺序（凤凰木主题）

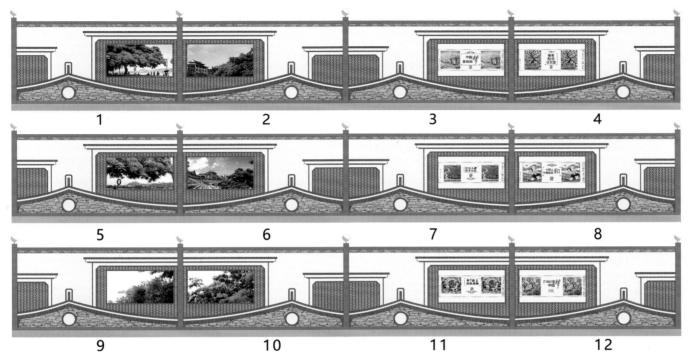

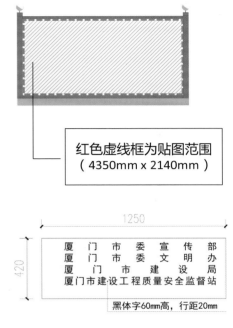

红色虚线框为贴图范围
（4350mm x 2140mm）

1250

420

厦 门 市 委 宣 传 部
厦 门 市 委 文 明 办
厦 门 市 建 设 局
厦门市建设工程质量安全监督站

黑体字60mm高，行距20mm

4、8、12号图，右下角图框内应添加宣传单位名称，其中区管工程可在"厦门市建设局"下方添加一行"厦门市某某区建设局"；同时"厦门市建设工程质量安全监督站"替换为"厦门市某某区建设工程质量安全监督站"。

本贴图一共三组，1、2、3、4号图为组一，5、6、7、8号图为组二，9、10、11、12号图为组三，每组图片由凤凰木主题、讲文明树新风主题各两张图片组成，建议按顺序喷绘。

A6型装配式围挡效果图（白鹭主题）

A6型装配式围挡贴图排版顺序（白鹭主题）

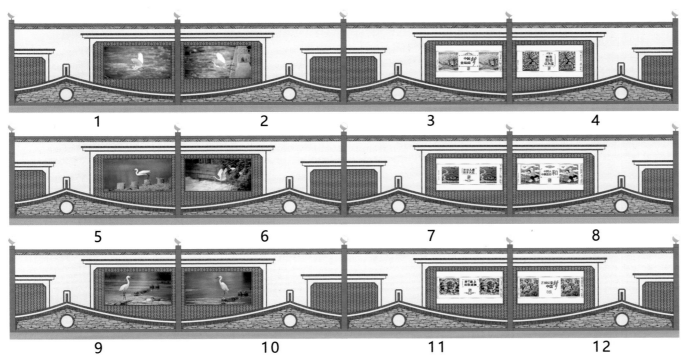

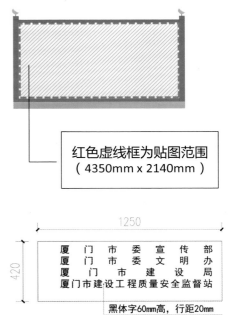

红色虚线框为贴图范围
（4350mm x 2140mm）

1250

420

厦 门 市 委 宣 传 部
厦 门 市 委 文 明 办
厦 门 市 建 设 局
厦门市建设工程质量安全监督站

黑体字60mm高，行距20mm

本贴图一共三组，1、2、3、4号图为组一，5、6、7、8号图为组二，9、10、11、12号图为组三，每组图片由白鹭主题、讲文明树新风主题各两张图片组成，建议按顺序喷绘。

4、8、12号图，右下角图框内应添加宣传单位名称，其中区管工程可在"厦门市建设局"下方添加一行"厦门市某某区建设局"；同时"厦门市建设工程质量安全监督站"替换为"厦门市某某区建设工程质量安全监督站"。

A6型装配式围挡效果图（海洋主题）

A6型装配式围挡贴图排版顺序（海洋主题）

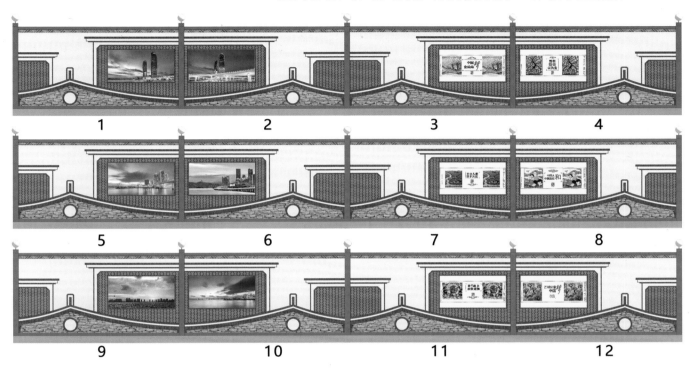

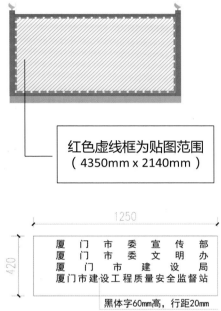

红色虚线框为贴图范围
（4350mm x 2140mm）

1250

420

厦 门 市 委 宣 传 部
厦 门 市 委 文 明 办
厦 门 市 建 设 局
厦门市建设工程质量安全监督站

黑体字60mm高，行距20mm

4、8、12号图，右下角图框内应添加宣传单位名称，其中区管工程可在"厦门市建设局"下方添加一行"厦门市某某区建设局"；同时"厦门市建设工程质量安全监督站"替换为"厦门市某某区建设工程质量安全监督站"。

本贴图一共三组，1、2、3、4号图为组一，5、6、7、8号图为组二，9、10、11、12号图为组三，每组图片由海洋主题、讲文明树新风主题各两张图片组成，建议按顺序喷绘。

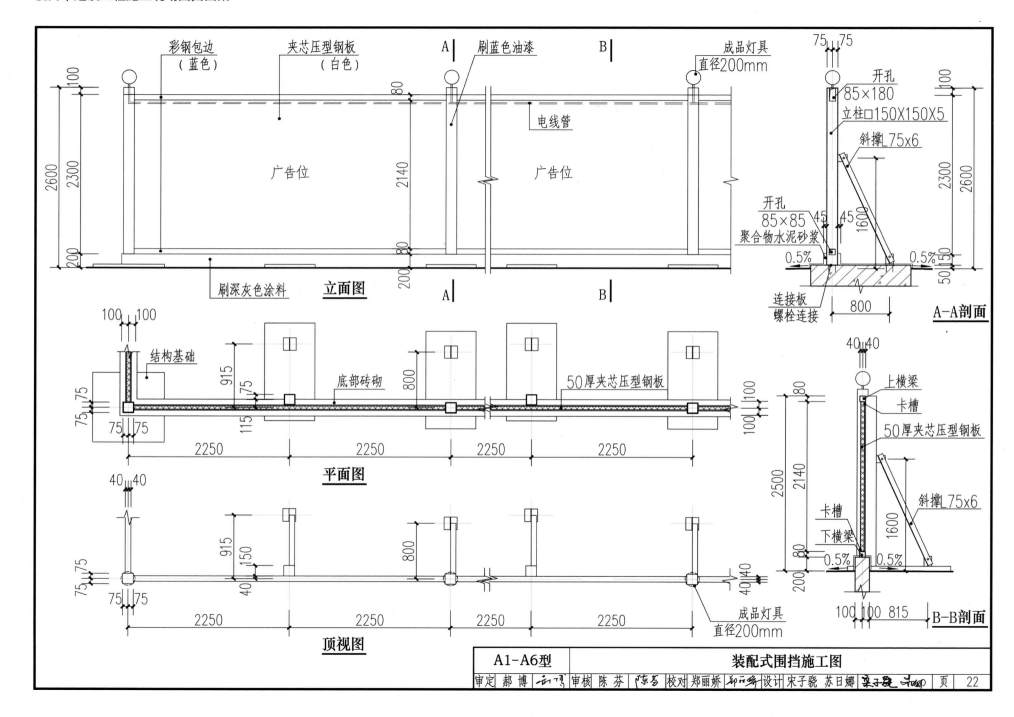

立面图

平面图

顶视图

A—A剖面

B—B剖面

A1-A6型	装配式围挡施工图					页 22
审定 郝博	审核 陈芬	校对 郑丽娇	设计 宋子骁 苏日娜			

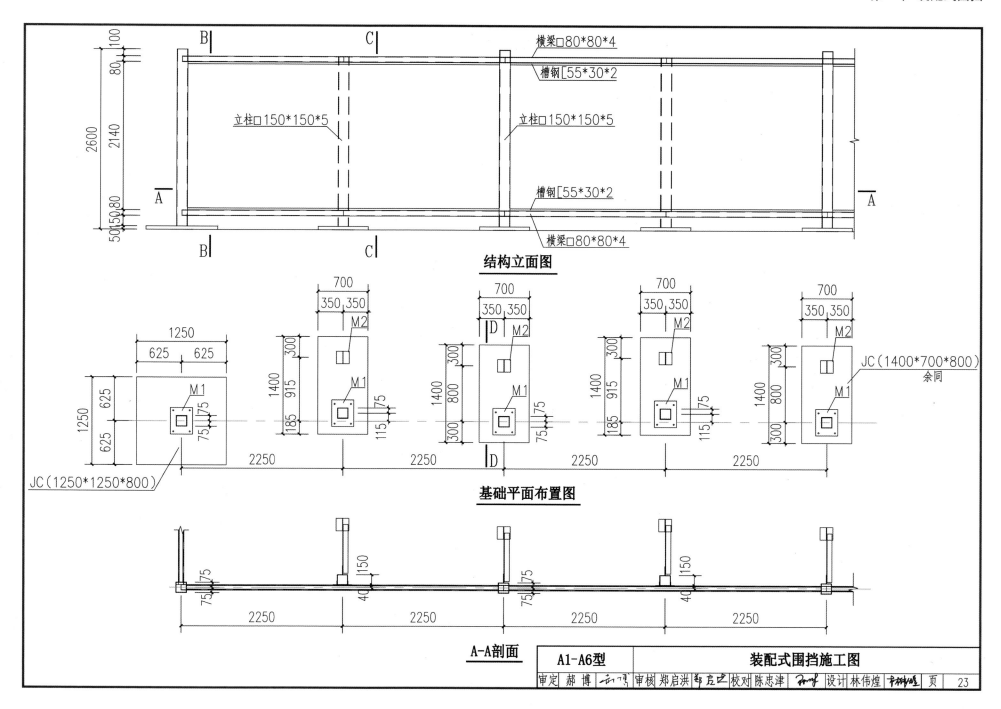

结构立面图

基础平面布置图

A-A剖面

A1-A6型	装配式围挡施工图

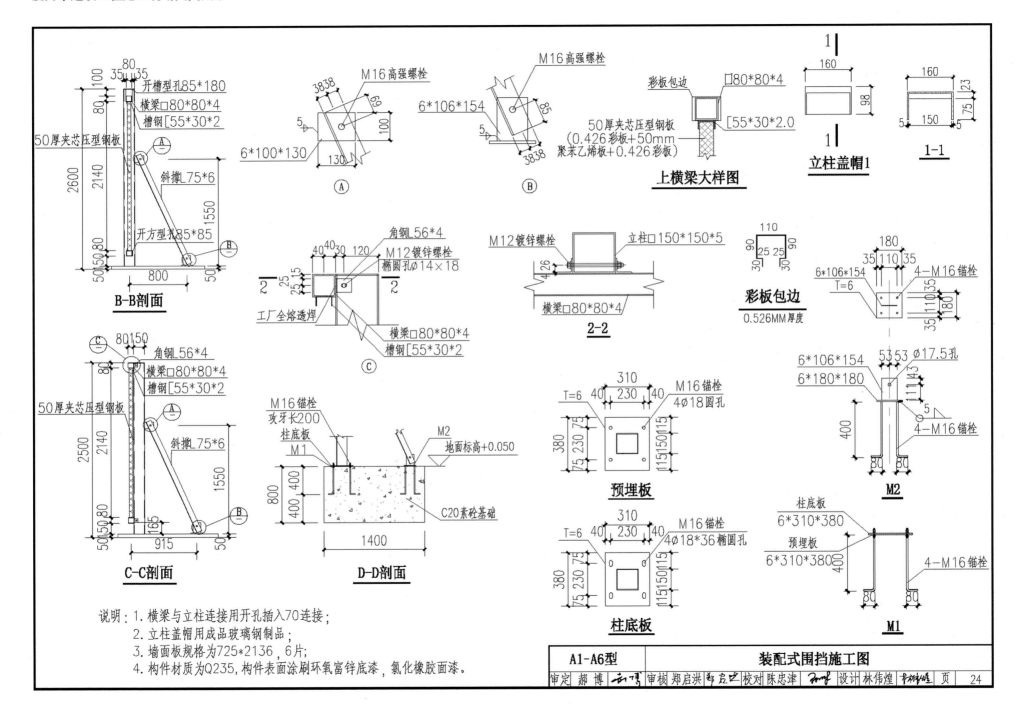

说明：1. 横梁与立柱连接用开孔插入70连接；
2. 立柱盖帽用成品玻璃钢制品；
3. 墙面板规格为725*2136，6片；
4. 构件材质为Q235，构件表面涂刷环氧富锌底漆，氯化橡胶面漆。

A1-A6型		装配式围挡施工图	
审定 郝 博	审核 郑启洪	校对 陈忠津	设计 林伟煌 页 24

A7型重型基座式围挡效果图

A7型重型基座式围挡贴图排版顺序

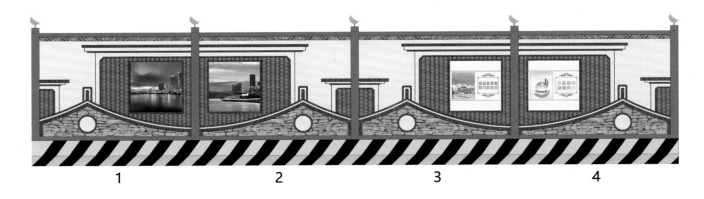

1   2   3   4

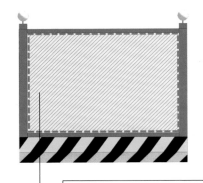

红色虚线框为贴图范围
（2850mm x 1840mm）

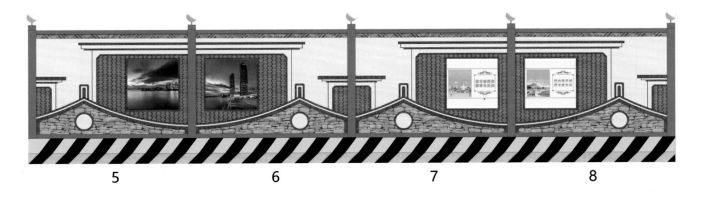

5   6   7   8

本贴图一共两组，1、2、3、4号图为组一，5、6、7、8号图为组二，每组图片由海洋主题、讲文明树新风主题各两张图片组成，建议按顺序喷绘。

黑体字60mm高，行距20mm

4、8号图，右下角图框内应添加宣传单位名称，其中区管工程可在"厦门市建设局"下方添加一行"厦门市某某区建设局"；同时"厦门市建设工程质量安全监督站"替换为"厦门市某某区建设工程质量安全监督站"。

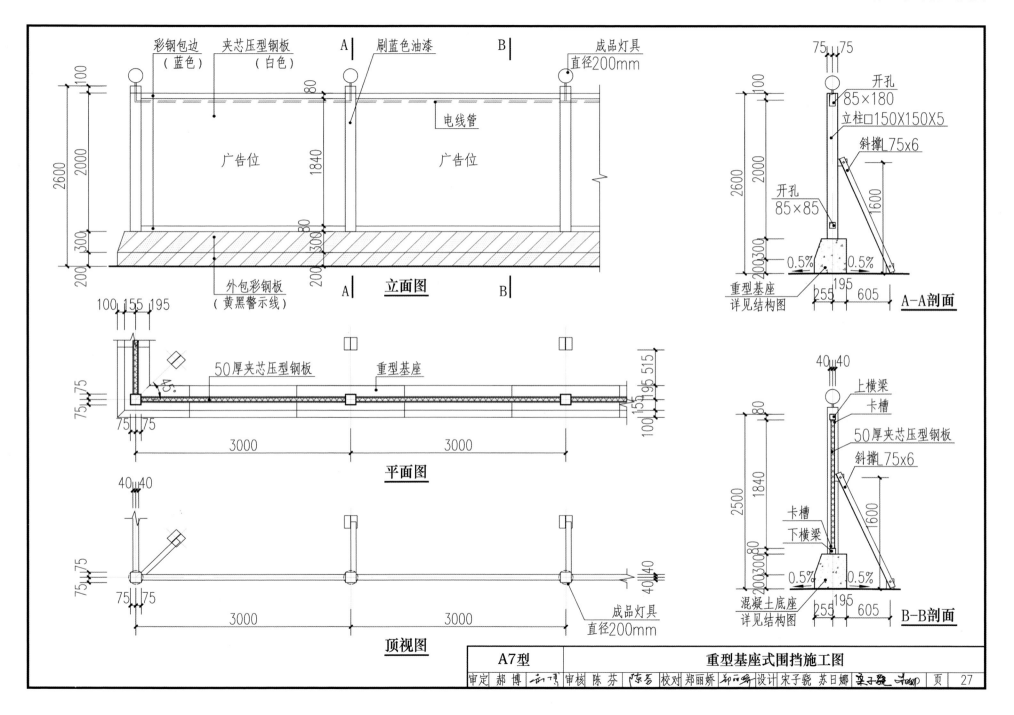

立面图

平面图

顶视图

A-A剖面

B-B剖面

A7型	重型基座式围挡施工图

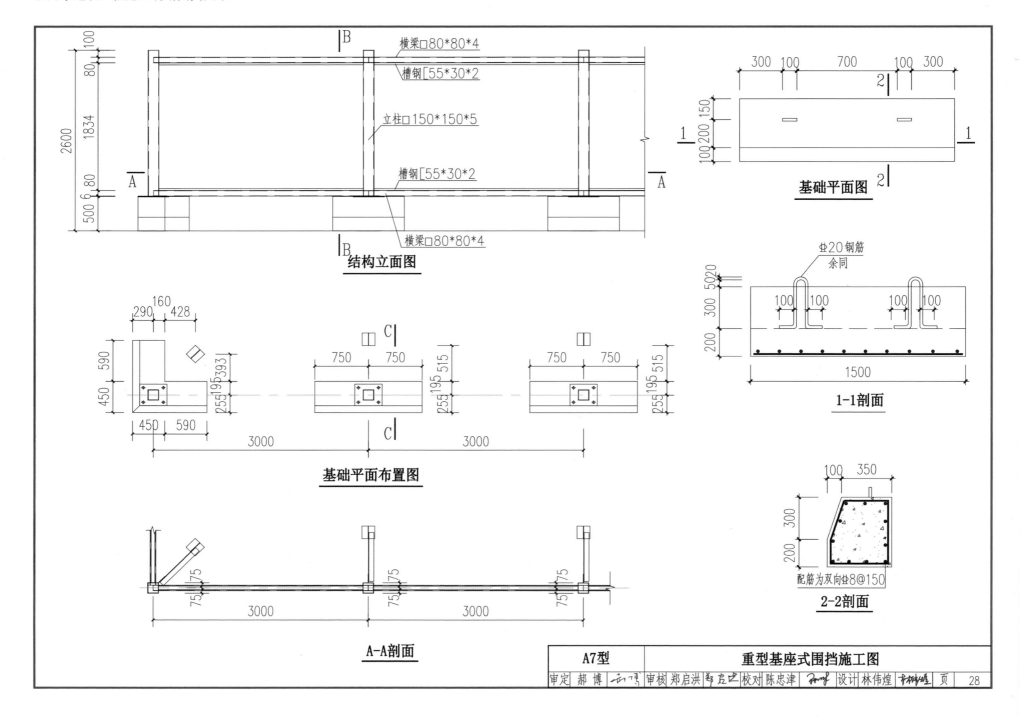

结构立面图

横梁□80*80*4
槽钢[55*30*2
立柱□150*150*5
槽钢[55*30*2
横梁□80*80*4

基础平面图

基础平面布置图

1-1剖面

Φ20钢筋
余同

配筋为双向Φ8@150

2-2剖面

A-A剖面

A7型	重型基座式围挡施工图

审定 郝博　审核 郑启洪　校对 陈忠津　设计 林伟煌　页 28

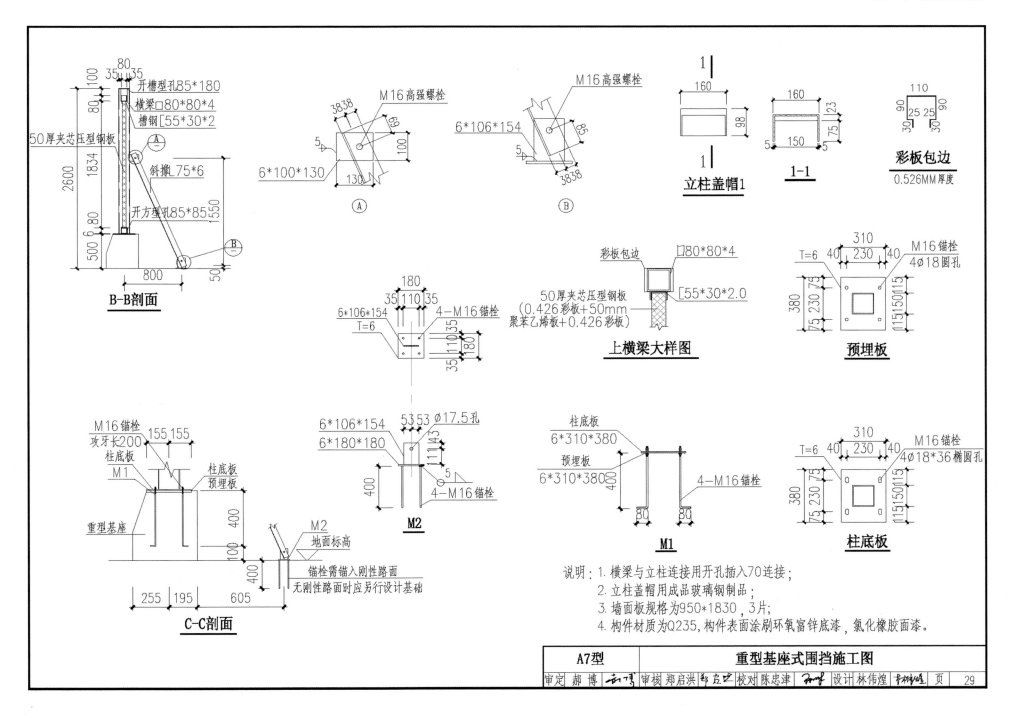

B-B剖面

C-C剖面

M2

M1

立柱盖帽1

1-1

彩板包边
0.526MM厚度

上横梁大样图

预埋板

柱底板

说明：1. 横梁与立柱连接用开孔插入70连接；
      2. 立柱盖帽用成品玻璃钢制品；
      3. 墙面板规格为950*1830，3片；
      4. 构件材质为Q235，构件表面涂刷环氧富锌底漆，氯化橡胶面漆。

A7型	重型基座式围挡施工图

第二章 砌筑式围挡

B1型砌筑式围挡效果图

B1型砌筑式围挡贴图排版顺序

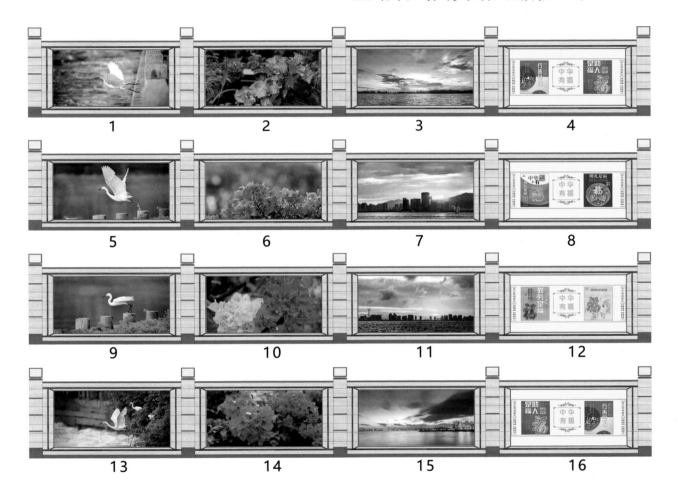

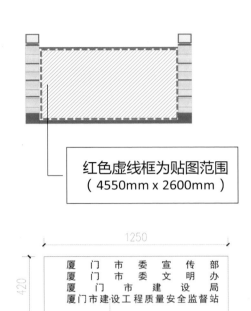

红色虚线框为贴图范围
（4550mm x 2600mm）

1250

420

厦 门 市 委 宣 传 部
厦 门 市 委 文 明 办
厦 门 市 建 设 局
厦门市建设工程质量安全监督站

黑体字60mm高，行距20mm

4、8、12、16号图，右下角图框内应添加宣传单位名称，其中区管工程可在"厦门市建设局"下方添加一行"厦门市某某区建设局"；同时"厦门市建设工程质量安全监督站"替换为"厦门市某某区建设工程质量安全监督站"。

本贴图一共四组，1、2、3、4号图为组一，5、6、7、8号图为组二，9、10、11、12号图为组三，13、14、15、16号图为组四，每组图片由白鹭主题、三角梅主题、海洋主题、讲文明树新风主题各一张图片组成，建议按顺序喷绘。

B2型砌筑式围挡效果图

B2型砌筑式围挡贴图排版顺序

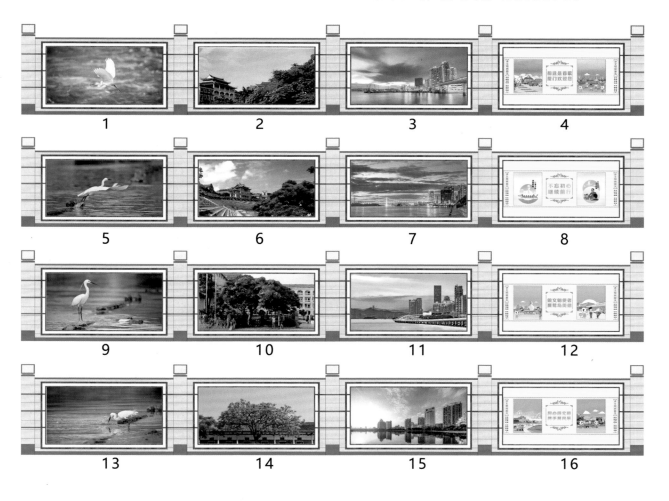

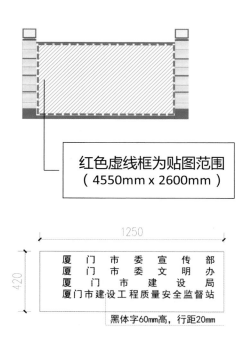

红色虚线框为贴图范围
（4550mm x 2600mm）

4、8、12、16号图，右下角图框内应添加宣传单位名称，其中区管工程可在"厦门市建设局"下方添加一行"厦门市某某区建设局"；同时"厦门市建设工程质量安全监督站"替换为"厦门市某某区建设工程质量安全监督站"。

　　本贴图一共四组，1、2、3、4号图为组一，5、6、7、8号图为组二，9、10、11、12号图为组三，13、14、15、16号图为组四，每组图片由白鹭主题、凤凰木主题、海洋主题、讲文明树新风主题各一张图片组成，建议按顺序喷绘。

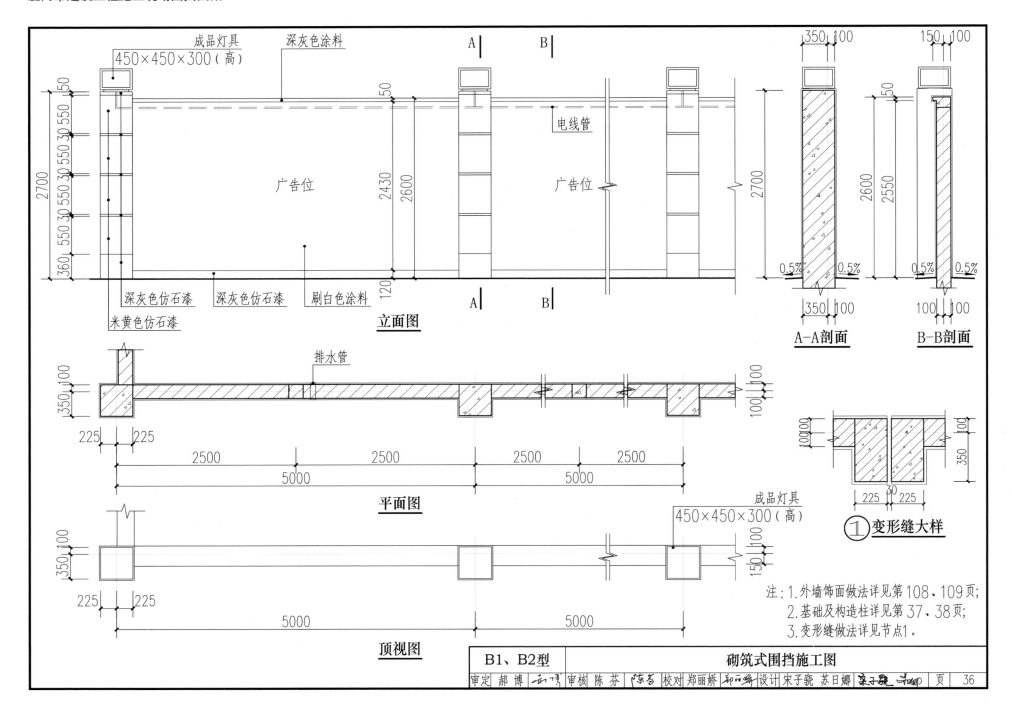

立面图

成品灯具
450×450×300（高）

深灰色涂料

电线管

广告位

广告位

深灰色仿石漆

深灰色仿石漆

刷白色涂料

米黄色仿石漆

A-A剖面

B-B剖面

排水管

平面图

顶视图

成品灯具
450×450×300（高）

① 变形缝大样

注：1. 外墙饰面做法详见第108、109页；
　　2. 基础及构造柱详见第37、38页；
　　3. 变形缝做法详见节点1。

B1、B2型	砌筑式围挡施工图

审定 郝博　审核 陈芬　校对 郑丽娇　设计 宋子晓 苏日娜　　页 36

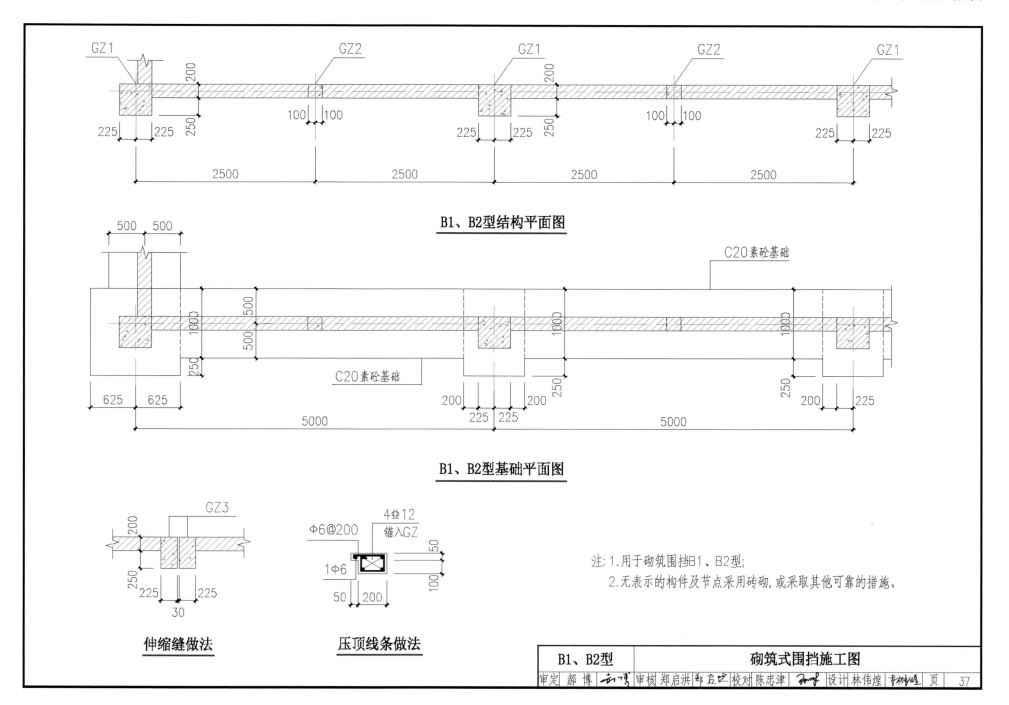

B1、B2型结构平面图

B1、B2型基础平面图

伸缩缝做法

压顶线条做法

注：1.用于砌筑围挡B1、B2型；
2.无表示的构件及节点采用砖砌，或采取其他可靠的措施。

B1、B2型	砌筑式围挡施工图

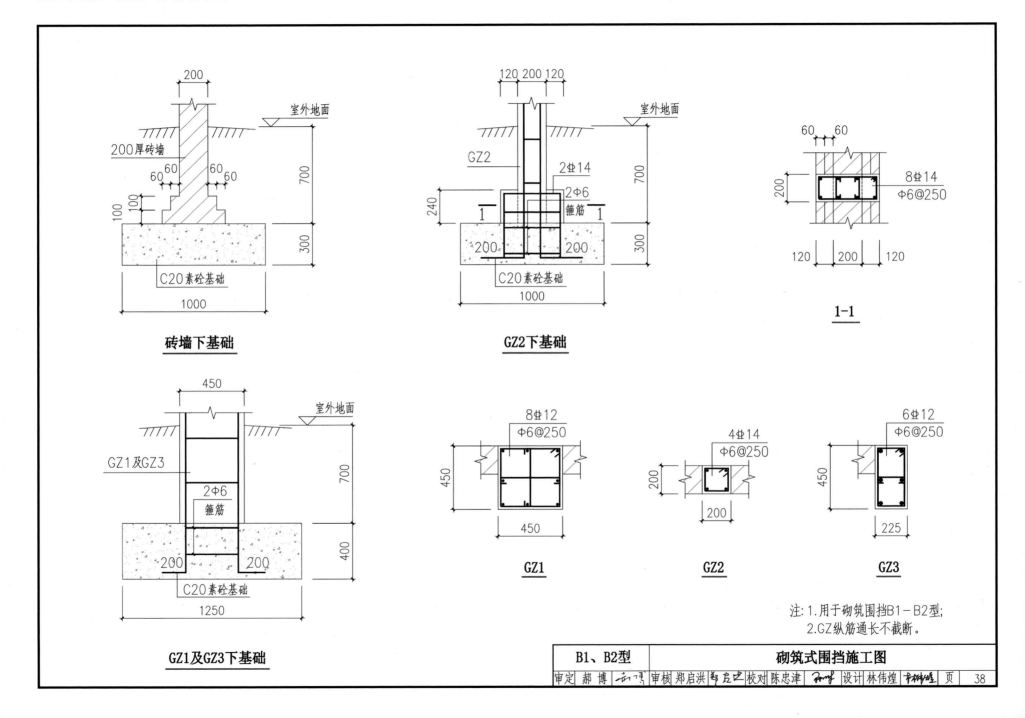

砖墙下基础

GZ2下基础

1-1

GZ1及GZ3下基础

GZ1

GZ2

GZ3

注:1.用于砌筑围挡B1-B2型;
2.GZ纵筋通长不截断。

B1、B2型	砌筑式围挡施工图				
审定 郝 博	审核 郑启洪	校对 陈忠津	设计 林伟煌	页	38

B3型砌筑式围挡效果图

B3型砌筑式围挡贴图排版顺序

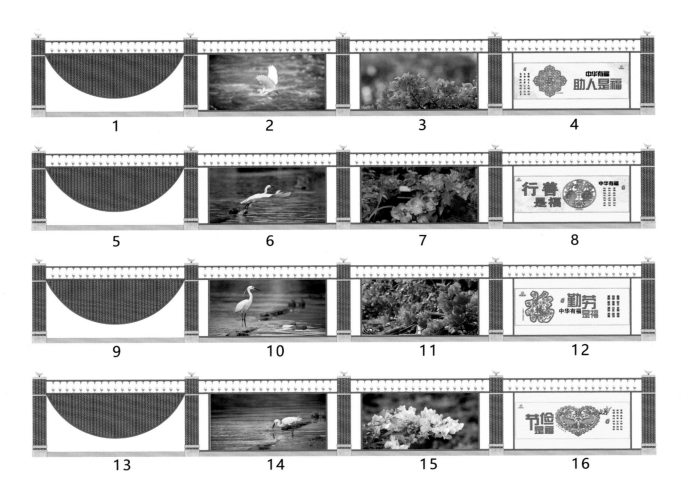

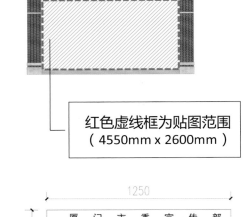

红色虚线框为贴图范围
（4550mm x 2600mm）

1250

420

厦 门 市 委 宣 传 部
厦 门 市 委 文 明 办
厦 门 市 建 设 局
厦门市建设工程质量安全监督站

黑体字60mm高，行距20mm

4、8、12、16号图，右下角图框内应添加宣传单位名称，其中区管工程可在"厦门市建设局"下方添加一行"厦门市某某区建设局"；同时"厦门市建设工程质量安全监督站"替换为"厦门市某某区建设工程质量安全监督站"。

　　本贴图一共四组，1、2、3、4号图为组一，5、6、7、8号图为组二，9、10、11、12号图为组三，13、14、15、16号图为组四，每组图片由闽南建筑主题、白鹭主题、三角梅主题、讲文明树新风主题各一张图片组成，建议按顺序喷绘。

B4型砌筑式围挡效果图

B4型砌筑式围挡贴图排版顺序

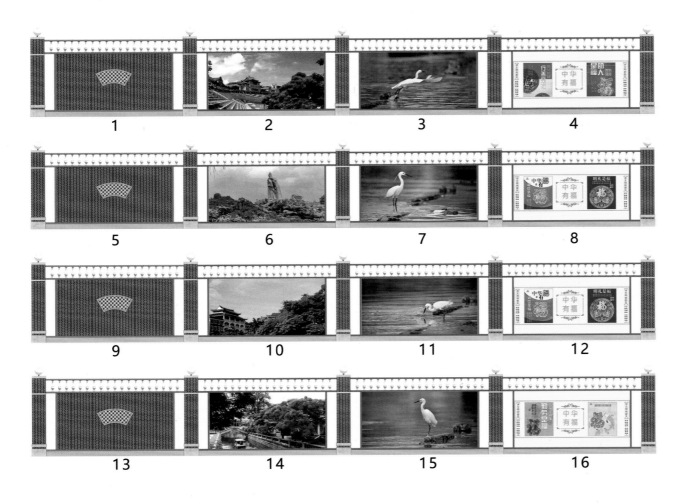

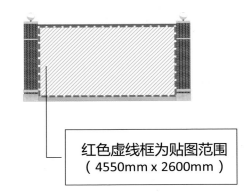

红色虚线框为贴图范围
（4550mm x 2600mm）

黑体字60mm高，行距20mm

4、8、12、16号图，右下角图框内应添加宣传单位名称，其中区管工程可在"厦门市建设局"下方添加一行"厦门市某某区建设局"；同时"厦门市建设工程质量安全监督站"替换为"厦门市某某区建设工程质量安全监督站"。

　　本贴图一共四组，1、2、3、4号图为组一，5、6、7、8号图为组二，9、10、11、12号图为组三，13、14、15、16号图为组四，每组图片由闽南建筑主题、凤凰木主题、白鹭主题、讲文明树新风主题各一张图片组成，建议按顺序喷绘。

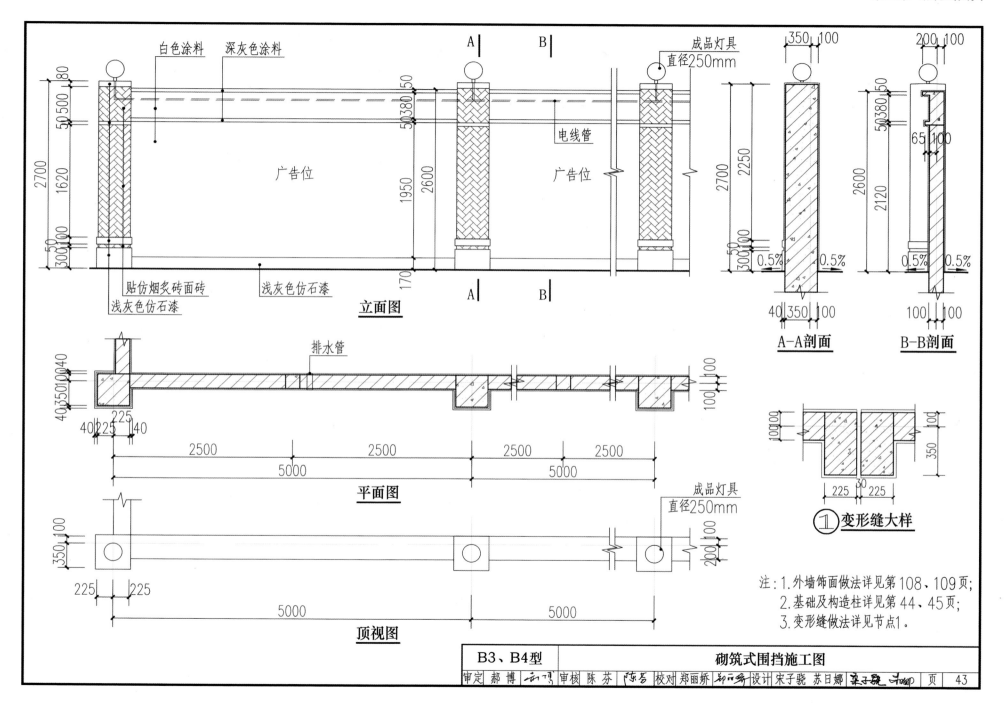

白色涂料　深灰色涂料

成品灯具
直径250mm

电线管

广告位　　广告位

立面图

贴仿烟炙砖面砖
浅灰色仿石漆
浅灰色仿石漆

A-A剖面　　B-B剖面

排水管

平面图

成品灯具
直径250mm

顶视图

① 变形缝大样

注：1.外墙饰面做法详见第108、109页；
　　2.基础及构造柱详见第44、45页；
　　3.变形缝做法详见节点1。

B3、B4型	砌筑式围挡施工图	
审定 郝博 审核 陈芬 校对 郑丽娇 设计 宋子骁 苏日娜		页 43

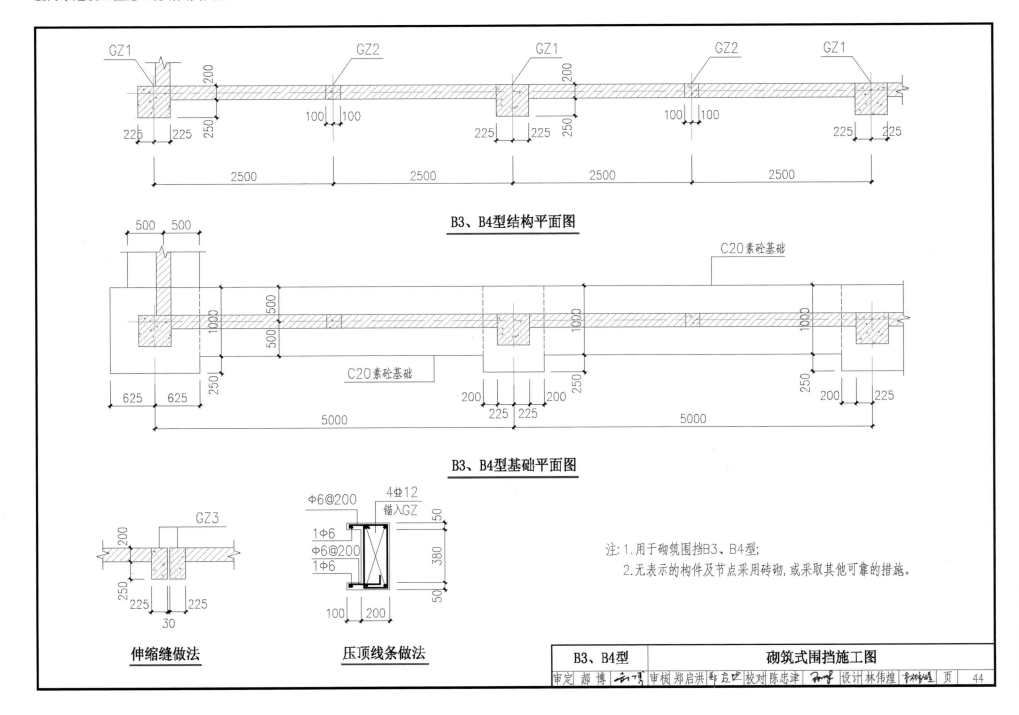

B3、B4型结构平面图

B3、B4型基础平面图

伸缩缝做法

压顶线条做法

注：1.用于砌筑围挡B3、B4型；
    2.无表示的构件及节点采用砖砌，或采取其他可靠的措施。

| B3、B4型 | 砌筑式围挡施工图 |

审定 郝博 审核 郑启洪 校对 陈忠津 设计 林伟煌

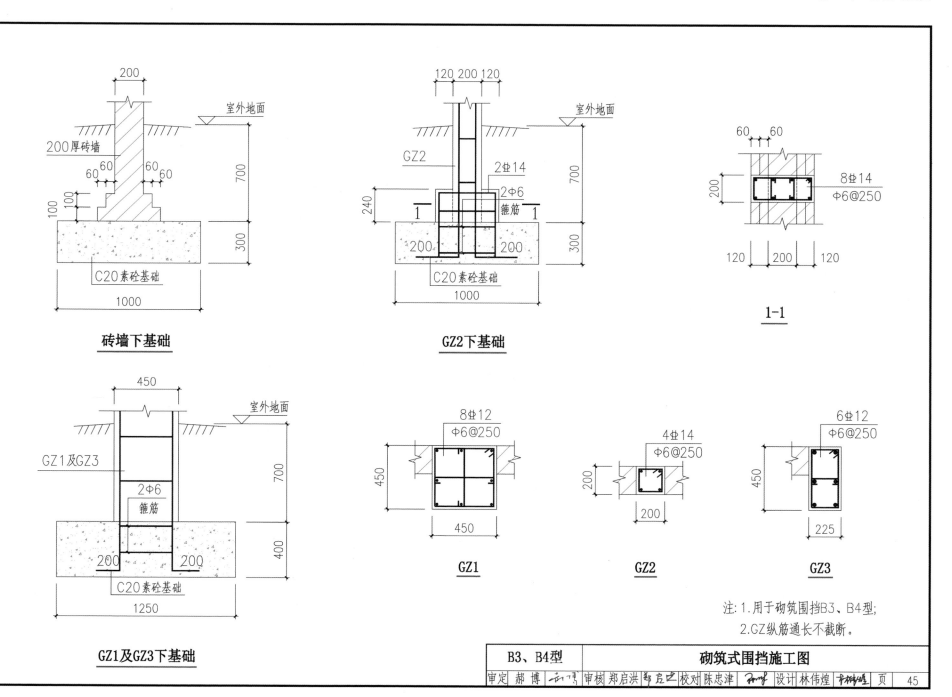

砖墙下基础

GZ2下基础

1-1

GZ1及GZ3下基础

GZ1

GZ2

GZ3

注：1.用于砌筑围挡B3、B4型；
2.GZ纵筋通长不截断。

B3、B4型	砌筑式围挡施工图	
审定　郝　博　　　审核　郑启洪　　　校对　陈忠津　　　设计　林伟煌		页 45

B5型砌筑式围挡效果图

B5型砌筑式围挡贴图排版顺序

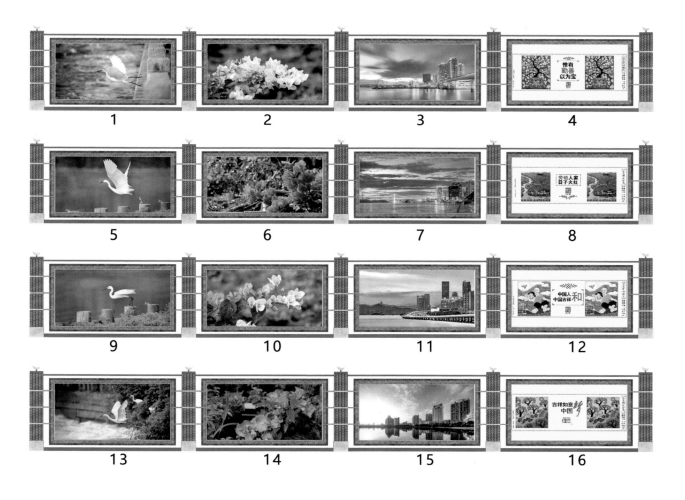

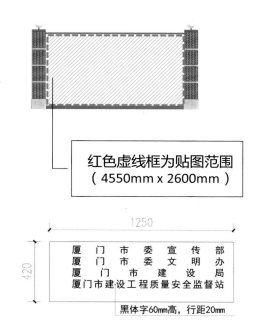

红色虚线框为贴图范围
（4550mm x 2600mm）

1250

420

厦 门 市 委 宣 传 部
厦 门 市 委 文 明 办
厦 门 市 建 设 局
厦门市建设工程质量安全监督站

黑体字60mm高，行距20mm

4、8、12、16号图，右下角图框内应添加宣传单位名称，其中区管工程可在"厦门市建设局"下方添加一行"厦门市某某区建设局"；同时"厦门市建设工程质量安全监督站"替换为"厦门市某某区建设工程质量安全监督站"。

本贴图一共四组，1、2、3、4号图为组一，5、6、7、8号图为组二，9、10、11、12号图为组三，13、14、15、16号图为组四，每组图由白鹭主题、三角梅主题、海洋主题、讲文明树新风主题各一张图片组成，建议按顺序喷绘。

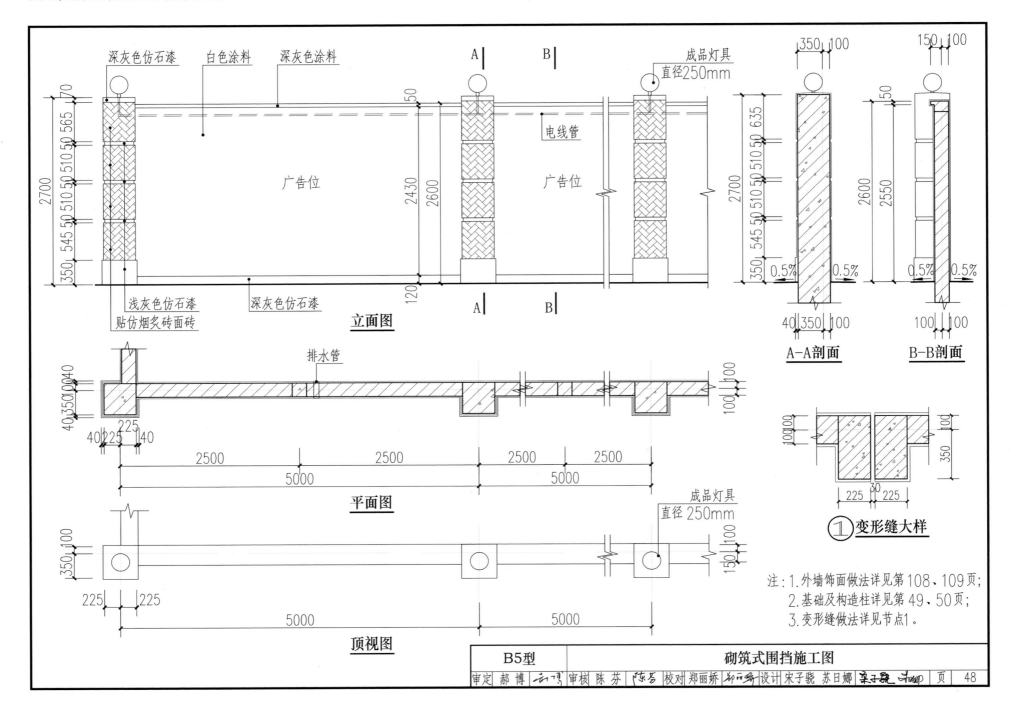

立面图

深灰色仿石漆　　白色涂料　　深灰色涂料　　成品灯具 直径250mm

电线管

广告位　　广告位

浅灰色仿石漆
贴仿烟灸砖面砖

深灰色仿石漆

A-A剖面　　**B-B剖面**

0.5%　0.5%　　0.5%　0.5%

平面图

排水管

2500　2500　2500　2500

5000　5000

225

顶视图

成品灯具 直径250mm

225　225

5000　5000

① **变形缝大样**

225　30　225

注：1.外墙饰面做法详见第108、109页；
　　2.基础及构造柱详见第49、50页；
　　3.变形缝做法详见节点1。

B5型		砌筑式围挡施工图
审定 郝博	审核 陈芬	校对 郑丽娇 设计 宋子骁 苏日娜	页 **48**

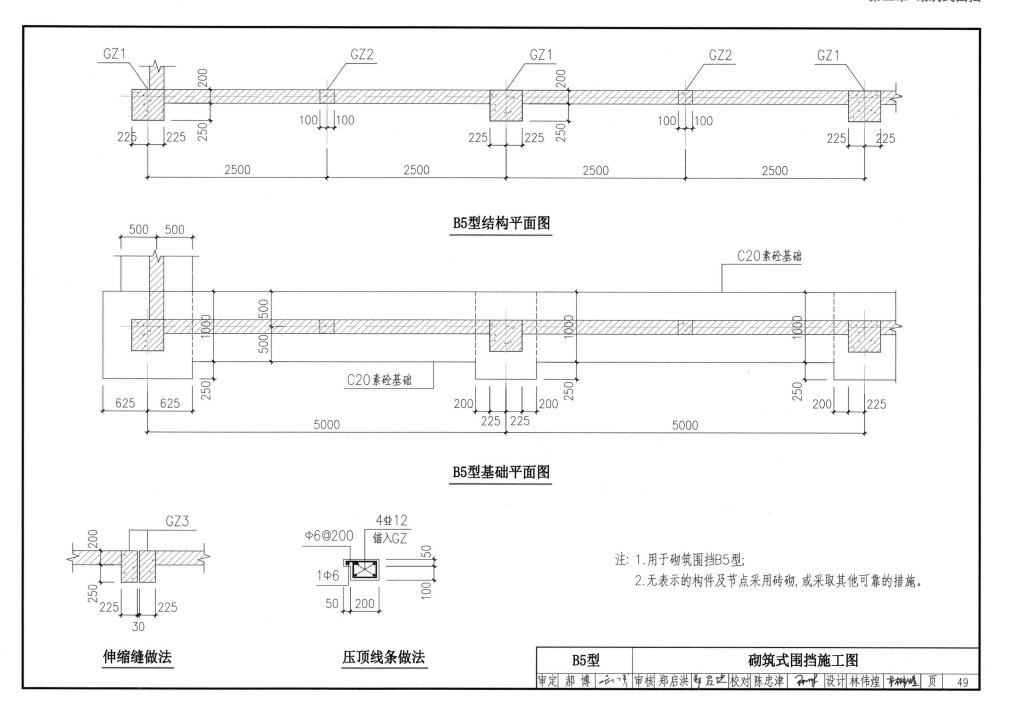

B5型结构平面图

B5型基础平面图

伸缩缝做法

压顶线条做法

注：1.用于砌筑围挡B5型;
　　2.无表示的构件及节点采用砖砌,或采取其他可靠的措施。

B5型	砌筑式围挡施工图

审定 郝博　审核 郑启洪　校对 陈忠津　设计 林伟煌　页 49

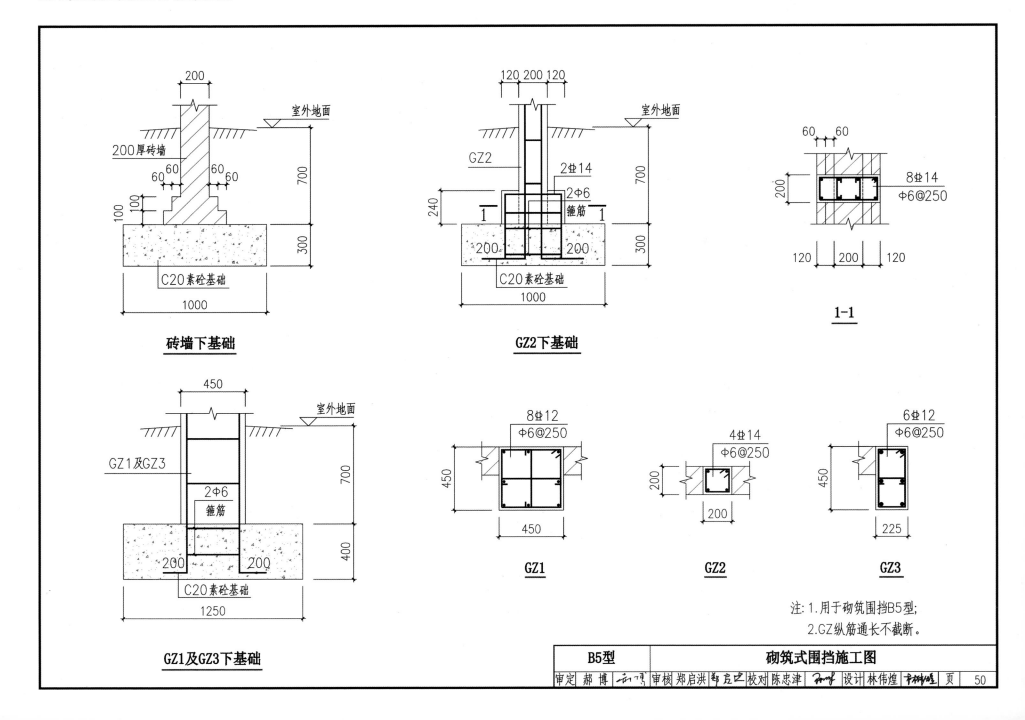

砖墙下基础

GZ2下基础

1-1

GZ1及GZ3下基础

GZ1

GZ2

GZ3

注: 1.用于砌筑围挡B5型;
　　2.GZ纵筋通长不截断。

B5型	砌筑式围挡施工图

审定 郝博　　审核 郑启洪　　校对 陈忠津　　设计 林伟煌

B6型砌筑式围挡效果图

B6型砌筑式围挡贴图排版顺序

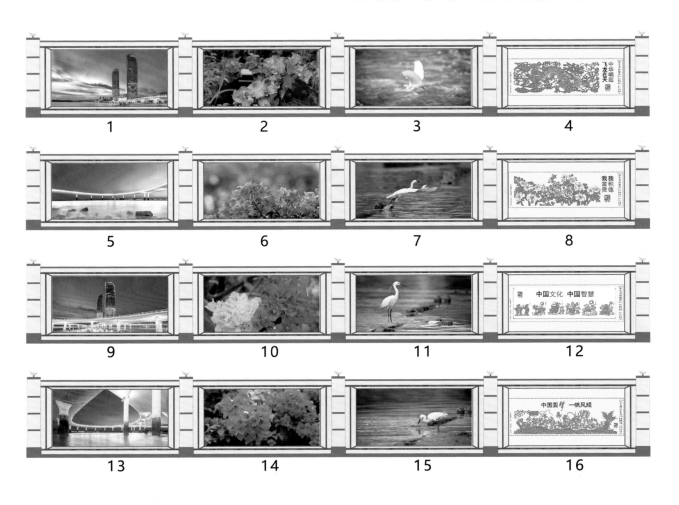

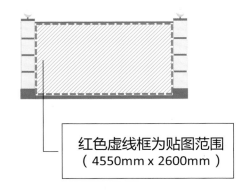

红色虚线框为贴图范围
（4550mm x 2600mm）

黑体字60mm高，行距20mm

4、8、12、16号图，右下角图框内应添加宣传单位名称，其中区管工程可在"厦门市建设局"下方添加一行"厦门市某某区建设局"；同时"厦门市建设工程质量安全监督站"替换为"厦门市某某区建设工程质量安全监督站"。

　　本贴图一共四组，1、2、3、4号图为组一，5、6、7、8号图为组二，9、10、11、12号图为组三，13、14、15、16号图为组四，每组图片由海洋主题、三角梅主题、白鹭主题、讲文明树新风主题各一张图片组成，建议按顺序喷绘。

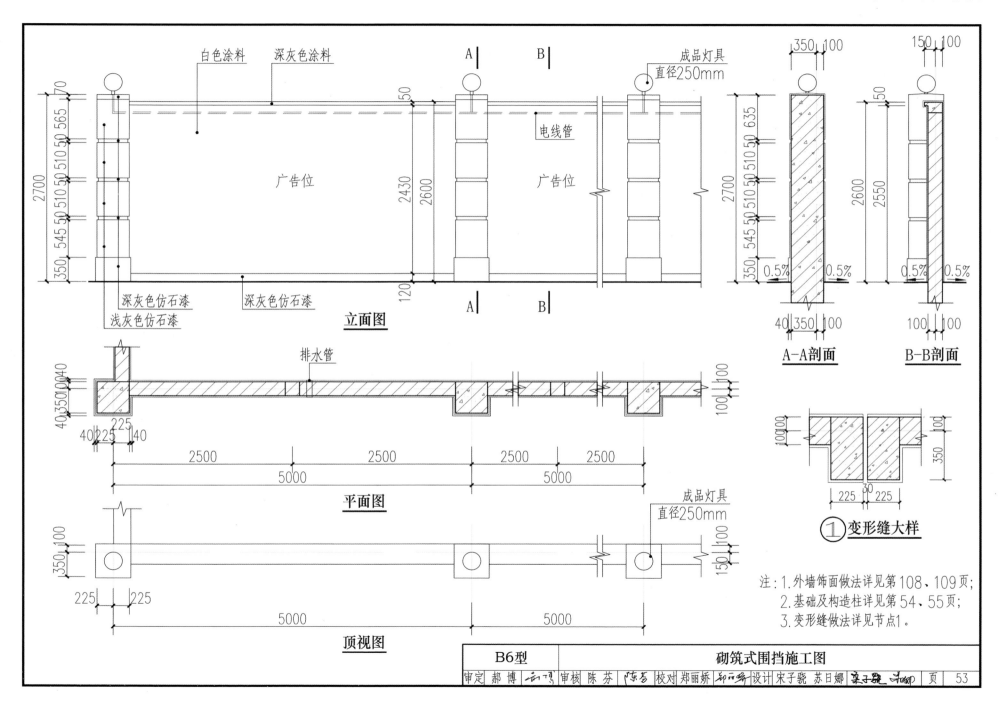

白色涂料　深灰色涂料

成品灯具
直径250mm

电线管

广告位

广告位

深灰色仿石漆
浅灰色仿石漆
深灰色仿石漆

立面图

A-A剖面　**B-B剖面**

排水管

平面图

2500　2500　2500　2500

5000　5000

成品灯具
直径250mm

顶视图

225　225

5000　5000

① 变形缝大样

注：1．外墙饰面做法详见第108、109页；
　　2．基础及构造柱详见第54、55页；
　　3．变形缝做法详见节点1。

| **B6型** | **砌筑式围挡施工图** |

审定 郝博　审核 陈芬　校对 郑丽娇　设计 宋子骁 苏日娜　页 53

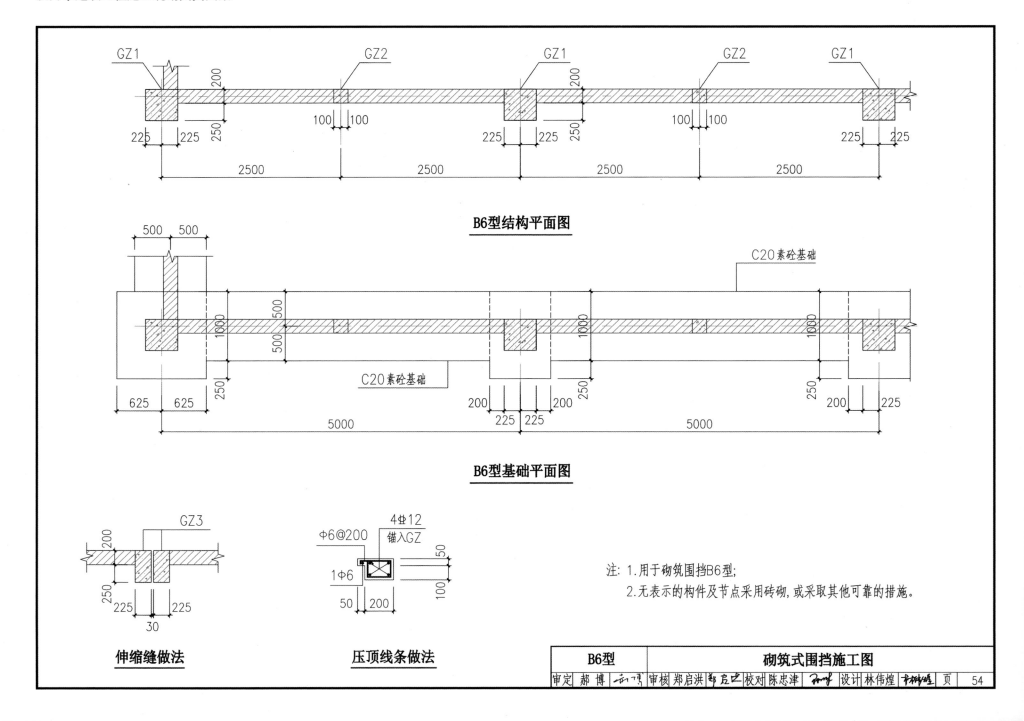

B6型结构平面图

B6型基础平面图

C20素砼基础

GZ3

4Φ12
锚入GZ

Φ6@200

1Φ6

注: 1.用于砌筑围挡B6型;
　　2.无表示的构件及节点采用砖砌,或采取其他可靠的措施。

伸缩缝做法　　　　　**压顶线条做法**

B6型	**砌筑式围挡施工图**

审定 郝 博　审核 郑启洪　校对 陈忠津　设计 林伟煌　页 54

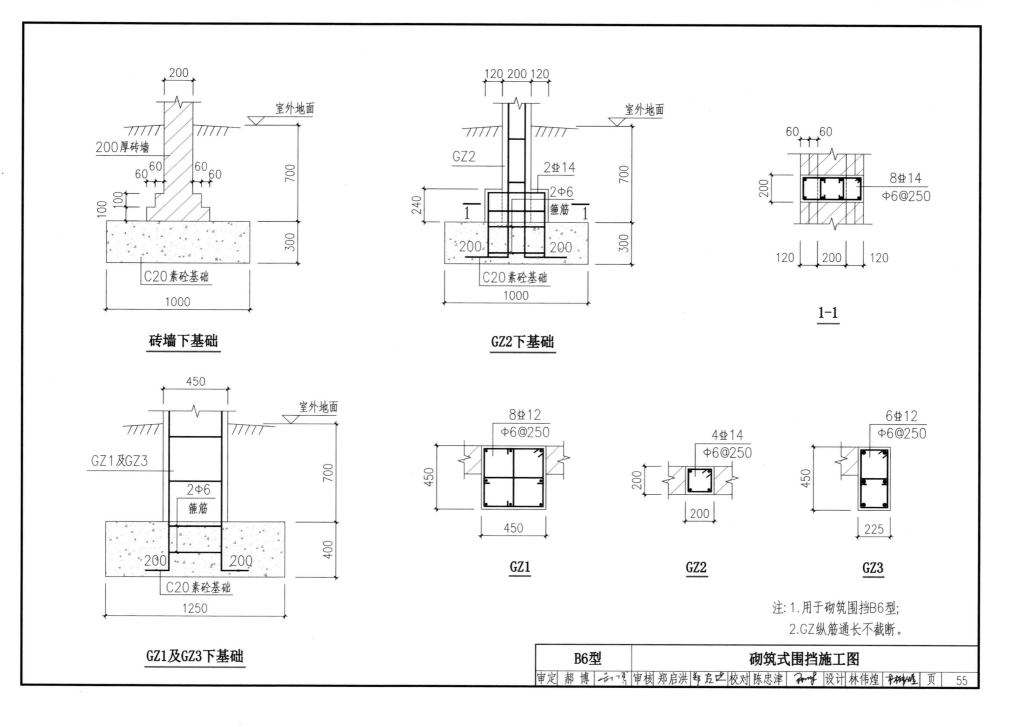

砖墙下基础

GZ2下基础

1-1

GZ1及GZ3下基础

GZ1 GZ2 GZ3

注:1.用于砌筑围挡B6型;
2.GZ纵筋通长不截断。

B6型	砌筑式围挡施工图

第三章 垂直绿化式围挡

C1型垂直绿化式围挡效果图

C1型垂直绿化式围挡贴图排版顺序

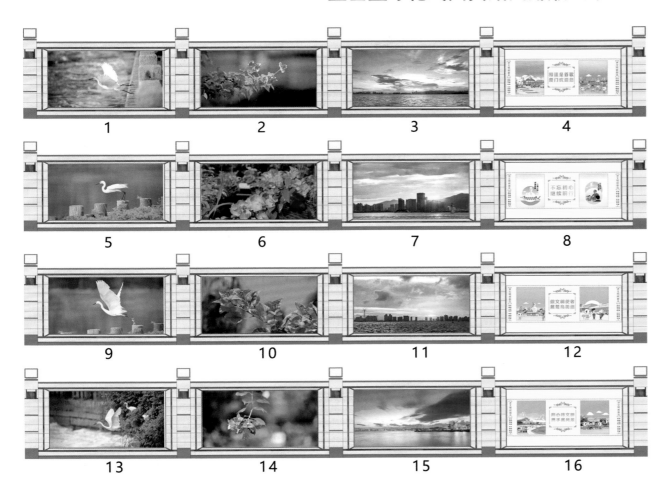

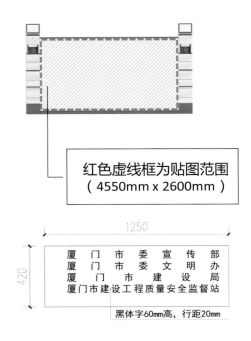

红色虚线框为贴图范围
（4550mm x 2600mm）

1250

420

厦 门 市 委 宣 传 部
厦 门 市 委 文 明 办
厦 门 市 建 设 局
厦门市建设工程质量安全监督站

黑体字60mm高，行距20mm

4、8、12、16号图，右下角图框内应添加宣传单位名称，其中区管工程可在"厦门市建设局"下方添加一行"厦门市某某区建设局"；同时"厦门市建设工程质量安全监督站"替换为"厦门市某某区建设工程质量安全监督站"。

本贴图一共四组，1、2、3、4号图为组一，5、6、7、8号图为组二，9、10、11、12号图为组三，13、14、15、16号图为组四，每组图片由白鹭主题、三角梅主题、海洋主题、讲文明树新风主题各一张图片组成，建议按顺序喷绘。

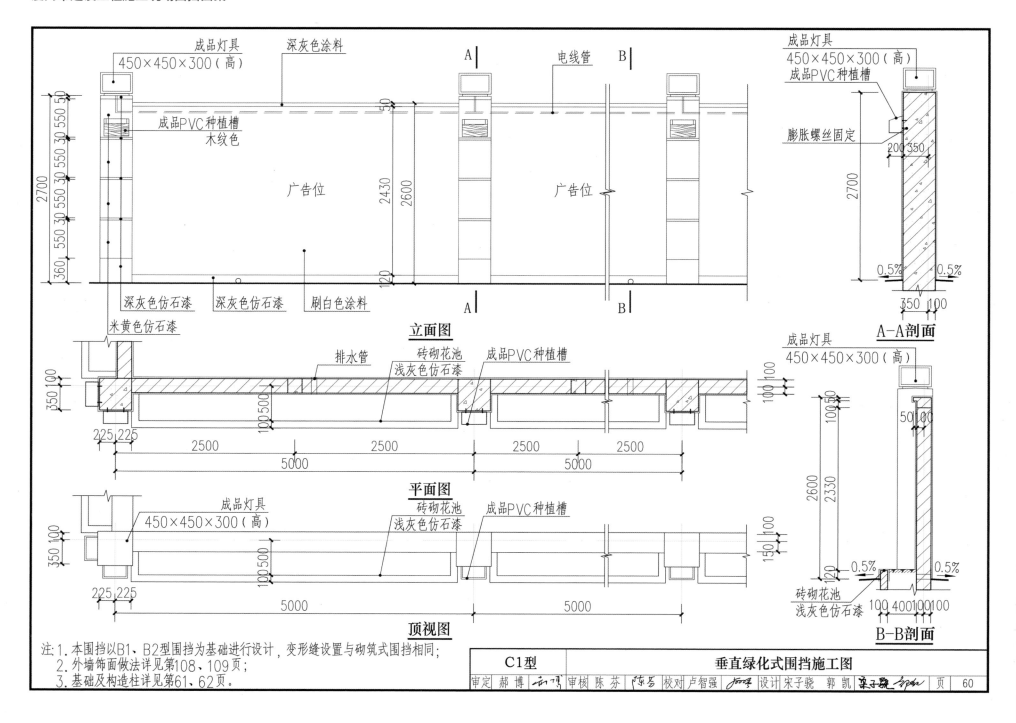

立面图

平面图

顶视图

成品灯具
450×450×300（高）

深灰色涂料

电线管

成品PVC种植槽
木纹色

广告位

广告位

深灰色仿石漆　深灰色仿石漆　刷白色涂料

成品灯具
450×450×300（高）
成品PVC种植槽

膨胀螺丝固定

A-A剖面

米黄色仿石漆

排水管　砖砌花池　成品PVC种植槽
浅灰色仿石漆

成品灯具
450×450×300（高）

成品灯具
450×450×300（高）　砖砌花池　成品PVC种植槽
浅灰色仿石漆

成品灯具
450×450×300（高）

砖砌花池
浅灰色仿石漆

B-B剖面

注：1. 本围挡以B1、B2型围挡为基础进行设计，变形缝设置与砌筑式围挡相同；
　　2. 外墙饰面做法详见第108、109页；
　　3. 基础及构造柱详见第61、62页。

C1型	垂直绿化式围挡施工图
审定　郝博　　审核　陈芬　　校对　卢智强　　设计　宋子晓　郭凯	页 60

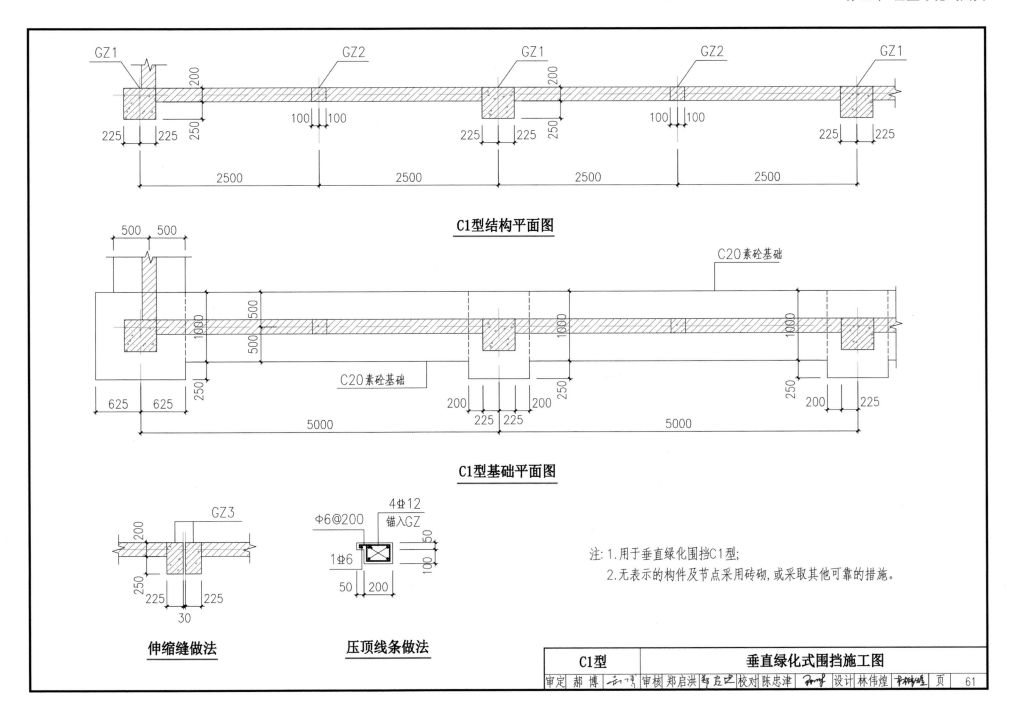

C1型结构平面图

C1型基础平面图

伸缩缝做法

压顶线条做法

注:1.用于垂直绿化围挡C1型;
2.无表示的构件及节点采用砖砌,或采取其他可靠的措施。

C1型	垂直绿化式围挡施工图

审定 郝博　审核 郑启洪　校对 陈忠津　设计 林伟煌　页 61

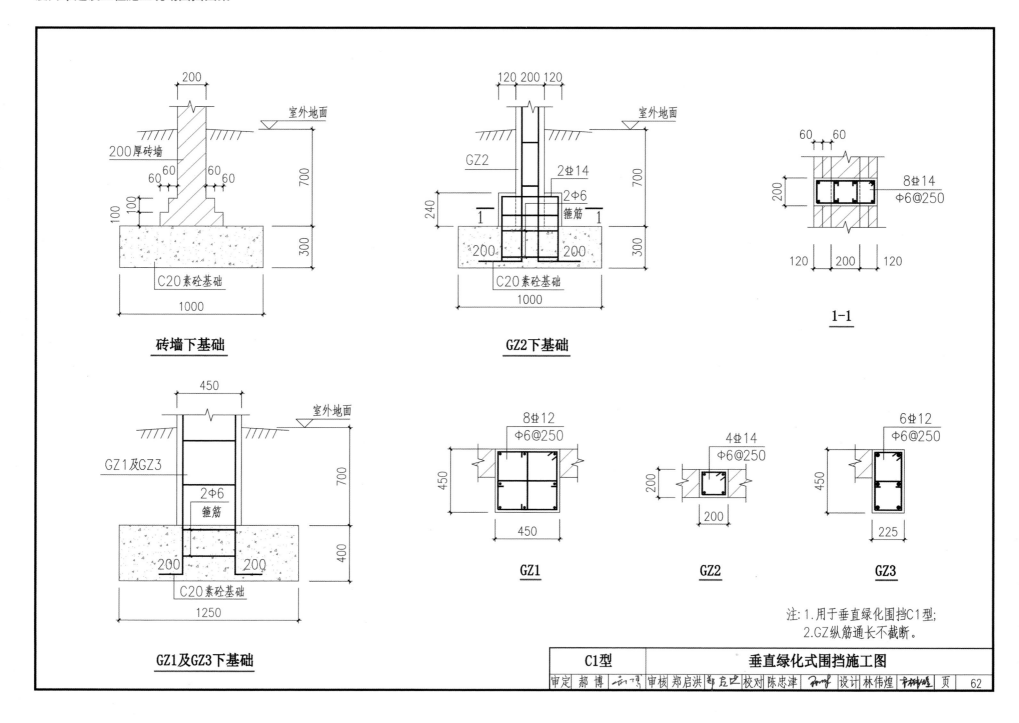

砖墙下基础

GZ2下基础

1-1

GZ1及GZ3下基础

GZ1

GZ2

GZ3

注:1.用于垂直绿化围挡C1型;
2.GZ纵筋通长不截断。

C1型	垂直绿化式围挡施工图

审定 郝 博　审核 郑启洪　校对 陈忠津　设计 林伟煌　页 62

C2型垂直绿化式围挡效果图

C2型垂直绿化式围挡贴图排版顺序

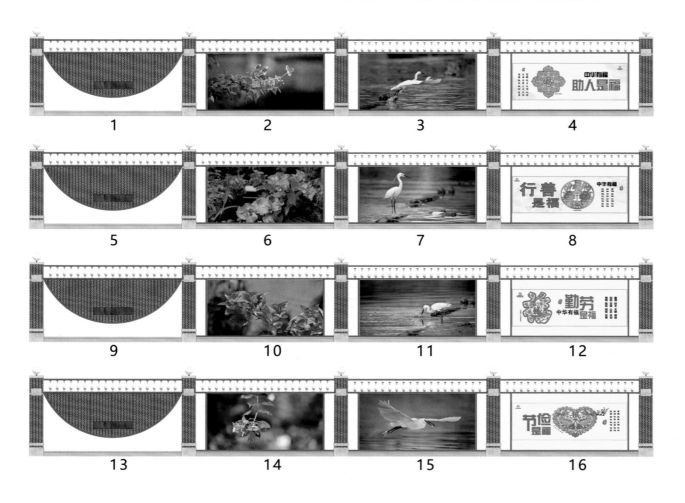

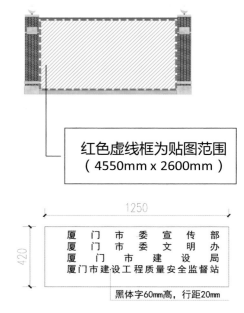

红色虚线框为贴图范围
（4550mm x 2600mm）

1250

420

厦 门 市 委 宣 传 部
厦 门 市 委 文 明 办
厦 门 市 建 设 局
厦门市建设工程质量安全监督站

黑体字60mm高，行距20mm

4、8、12、16号图，右下角图框内应添加宣传单位名称，其中区管工程可在"厦门市建设局"下方添加一行"厦门市某某区建设局"；同时"厦门市建设工程质量安全监督站"替换为"厦门市某某区建设工程质量安全监督站"。

　　本贴图一共四组，1、2、3、4号图为组一，5、6、7、8号图为组二，9、10、11、12号图为组三，13、14、15、16号图为组四，每组图片由闽南建筑主题、三角梅主题、白鹭主题、讲文明树新风主题各一张图片组成，建议按顺序喷绘。

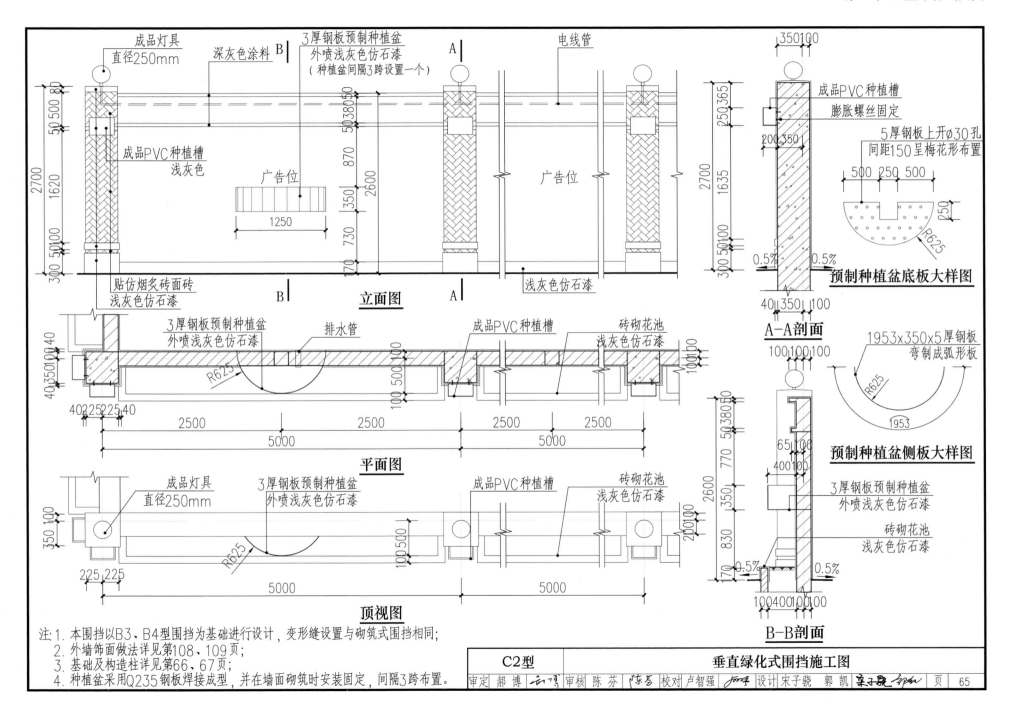

立面图

平面图

顶视图

预制种植盆底板大样图

A-A剖面

预制种植盆侧板大样图

B-B剖面

注:1. 本围挡以B3、B4型围挡为基础进行设计,变形缝设置与砌筑式围挡相同;
2. 外墙饰面做法详见第108、109页;
3. 基础及构造柱详见第66、67页;
4. 种植盆采用Q235钢板焊接成型,并在墙面砌筑时安装固定,间隔3跨布置。

C2型	垂直绿化式围挡施工图

审定 郝博　审核 陈芬　校对 卢智强　设计 宋子骁 郭凯

页 65

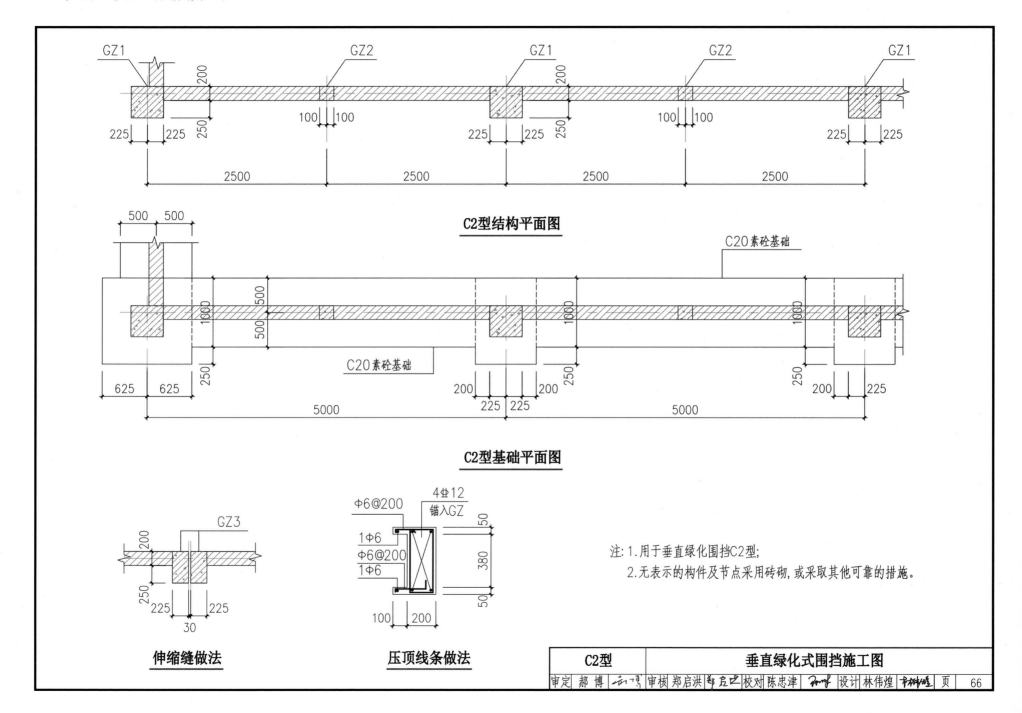

C2型结构平面图

C2型基础平面图

伸缩缝做法

压顶线条做法

注:1.用于垂直绿化围挡C2型;
　　2.无表示的构件及节点采用砖砌,或采取其他可靠的措施。

C2型	垂直绿化式围挡施工图

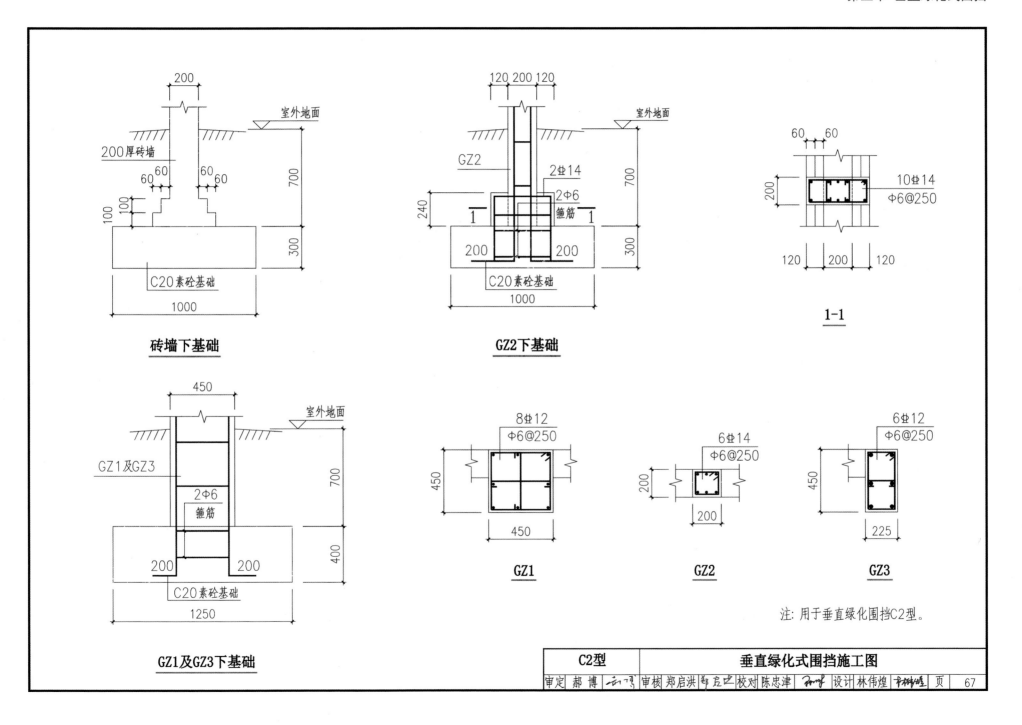

砖墙下基础

GZ2下基础

1-1

GZ1及GZ3下基础

GZ1

GZ2

GZ3

注: 用于垂直绿化围挡C2型。

C2型	垂直绿化式围挡施工图			
审定 郝 博	审核 郑启洪	校对 陈忠津	设计 林伟煌	页 67

C3型垂直绿化式围挡效果图

C3型垂直绿化式围挡贴图排版顺序

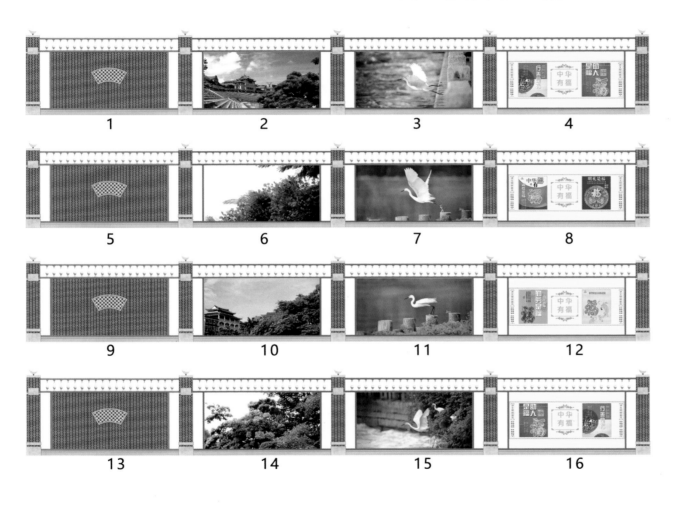

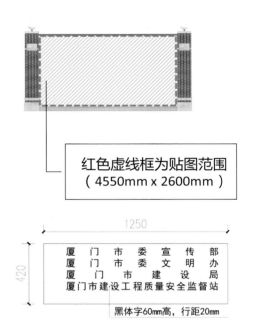

红色虚线框为贴图范围
（4550mm x 2600mm）

1250

420

厦 门 市 委 宣 传 部
厦 门 市 委 文 明 办
厦 门 市 建 设 局
厦门市建设工程质量安全监督站

黑体字60mm高，行距20mm

4、8、12、16号图，右下角图框内应添加宣传单位名称，其中区管工程可在"厦门市建设局"下方添加一行"厦门市某某区建设局"；同时"厦门市建设工程质量安全监督站"替换为"厦门市某某区建设工程质量安全监督站"。

本贴图一共四组，1、2、3、4号图为组一，5、6、7、8号图为组二，9、10、11、12号图为组三，13、14、15、16号图为组四，每组图片由闽南建筑主题、凤凰木主题、白鹭主题、讲文明树新风主题各一张图片组成，建议按顺序喷绘。

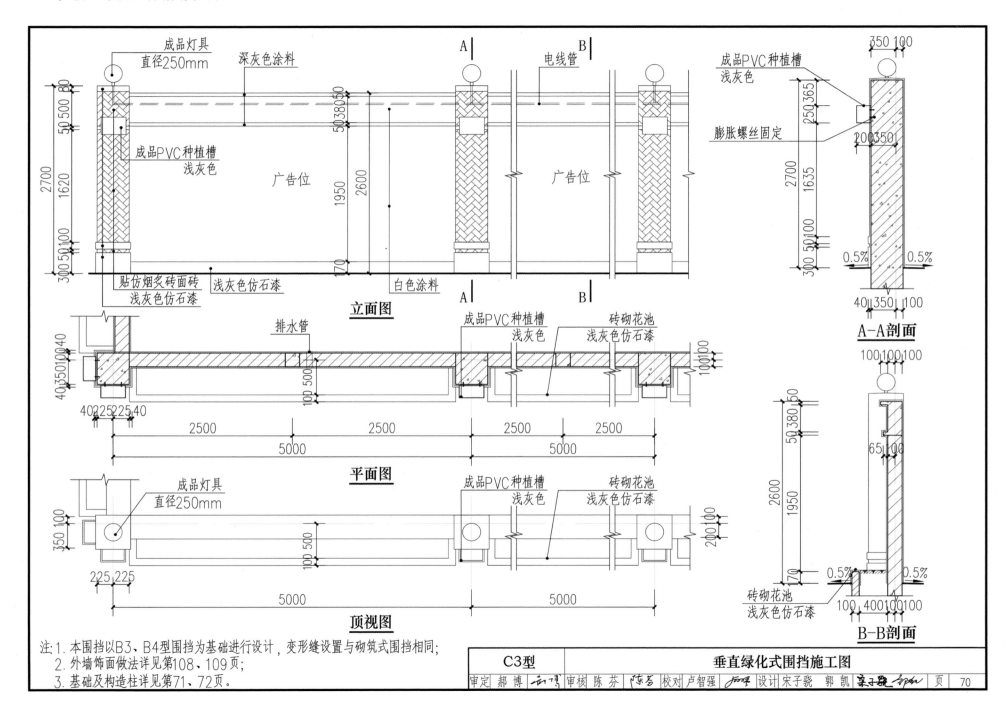

立面图

平面图

顶视图

A—A剖面

B—B剖面

注：1.本围挡以B3、B4型围挡为基础进行设计，变形缝设置与砌筑式围挡相同；
　　2.外墙饰面做法详见第108、109页；
　　3.基础及构造柱详见第71、72页。

C3型		垂直绿化式围挡施工图		
审定 郝博	审核 陈芬	校对 卢智强	设计 宋子骁 郭凯	页 70

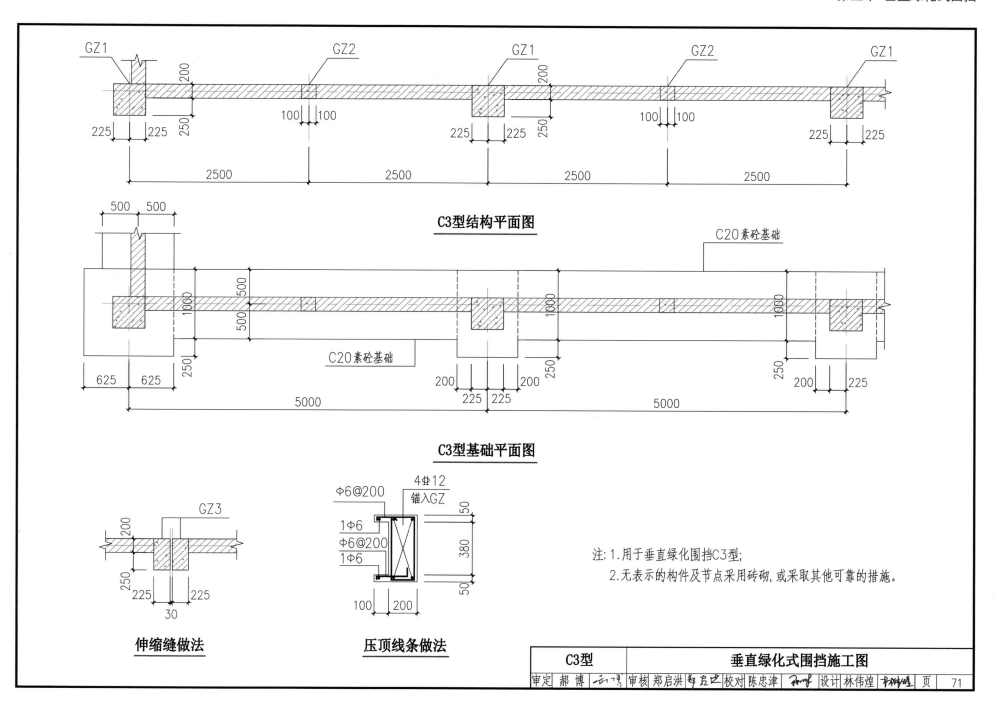

C3型结构平面图

C3型基础平面图

伸缩缝做法

压顶线条做法

注: 1.用于垂直绿化围挡C3型;
　　2.无表示的构件及节点采用砖砌, 或采取其他可靠的措施。

C3型	垂直绿化式围挡施工图

审定 郝 博　审核 郑启洪　校对 陈忠津　设计 林伟煌　页 71

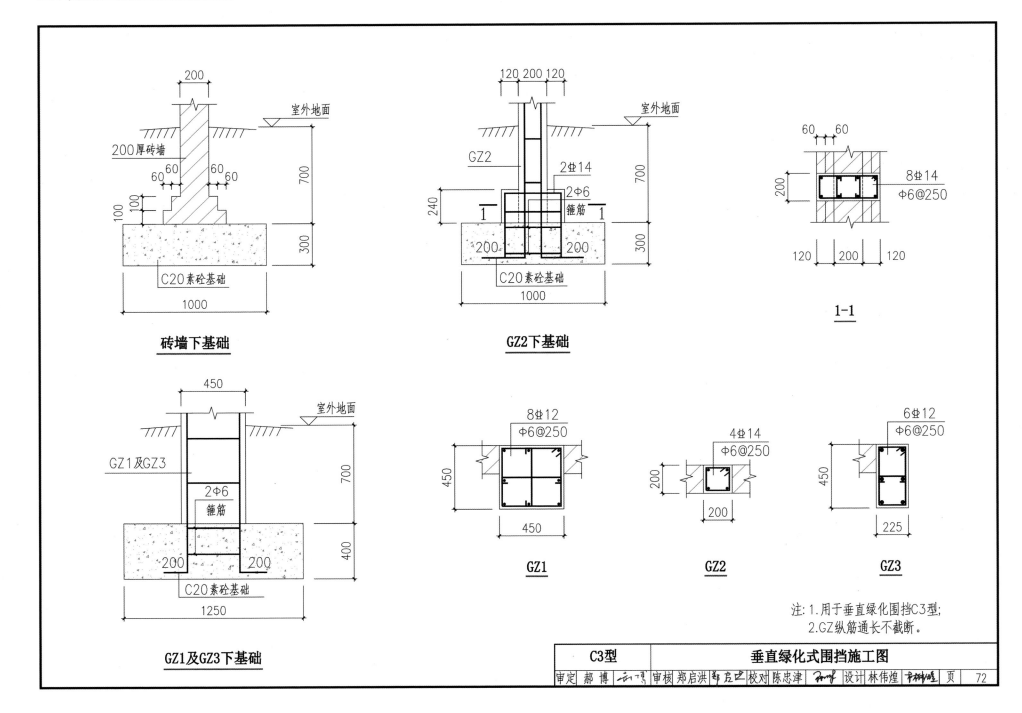

砖墙下基础

GZ2下基础

1-1

GZ1及GZ3下基础

注：1.用于垂直绿化围挡C3型；
2.GZ纵筋通长不截断。

C3型	垂直绿化式围挡施工图				
审定 郝博	审核 郑启洪	校对 陈忠津	设计 林伟煌	页 72

C4型垂直绿化式围挡效果图

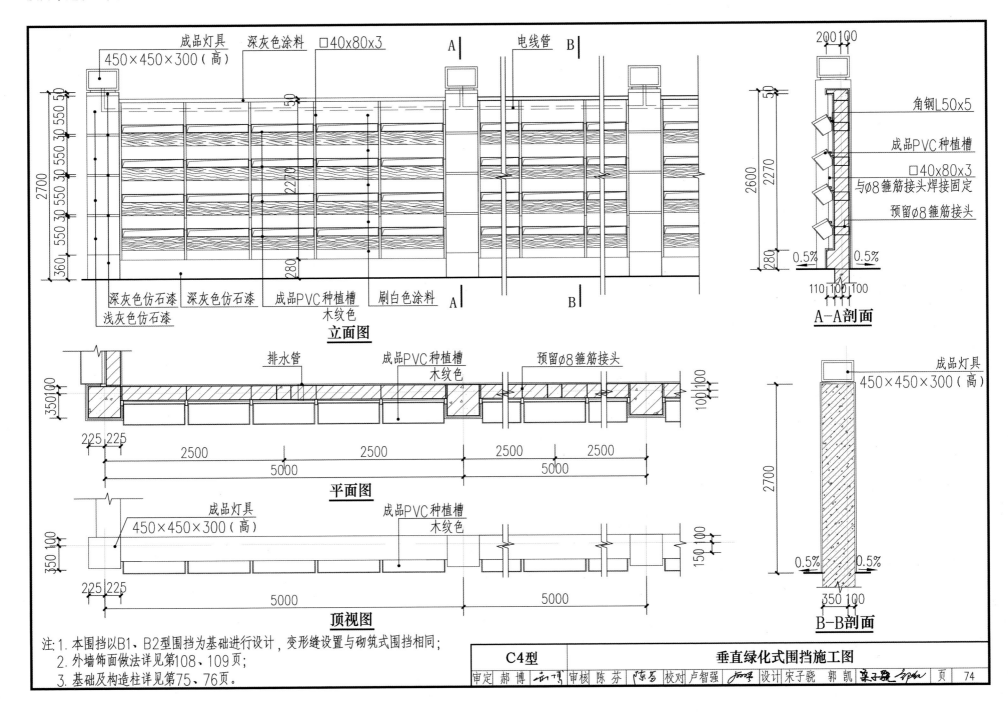

立面图

平面图

顶视图

A-A剖面

B-B剖面

成品灯具
450×450×300（高）

深灰色涂料　□40x80x3

电线管

角钢L50x5

成品PVC种植槽

□40x80x3
与φ8箍筋接头焊接固定

预留φ8箍筋接头

深灰色仿石漆　深灰色仿石漆　成品PVC种植槽
木纹色　　刷白色涂料

浅灰色仿石漆

排水管　　成品PVC种植槽
木纹色　　预留φ8箍筋接头

成品灯具
450×450×300（高）　成品PVC种植槽
木纹色

成品灯具
450×450×300（高）

注:1. 本围挡以B1、B2型围挡为基础进行设计，变形缝设置与砌筑式围挡相同；
　　2. 外墙饰面做法详见第108、109页；
　　3. 基础及构造柱详见第75、76页。

C4型	垂直绿化式围挡施工图				
审定 郝博	审核 陈芬	校对 卢智强	设计 宋子骁 郭凯		页 74

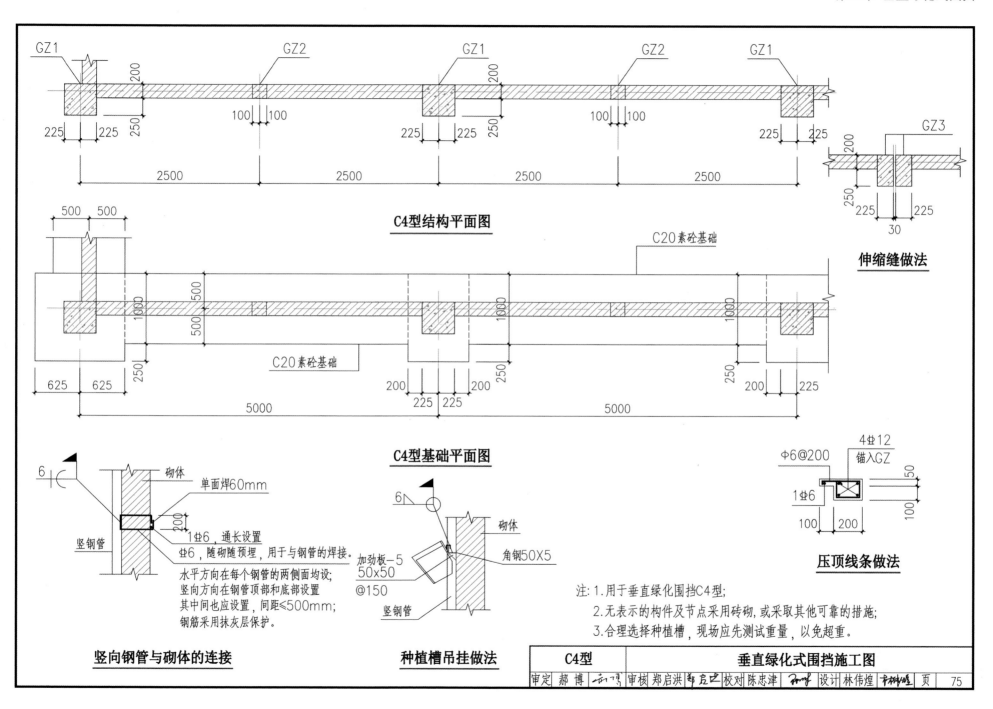

C4型结构平面图

C4型基础平面图

伸缩缝做法

压顶线条做法

注: 1. 用于垂直绿化围挡C4型;
2. 无表示的构件及节点采用砖砌, 或采取其他可靠的措施;
3. 合理选择种植槽, 现场应先测试重量, 以免超重。

单面焊60mm
1⏀6, 通长设置
⏀6, 随砌随预埋, 用于与钢管的焊接。
水平方向在每个钢管的两侧面均设;
竖向方向在钢管顶部和底部设置
其中间也应设置, 间距≤500mm;
钢筋采用抹灰层保护。

加劲板-5
50x50
@150

竖向钢管与砌体的连接

种植槽吊挂做法

C4型	垂直绿化式围挡施工图		
审定 郝博	审核 郑启洪	校对 陈忠津	设计 林伟煌

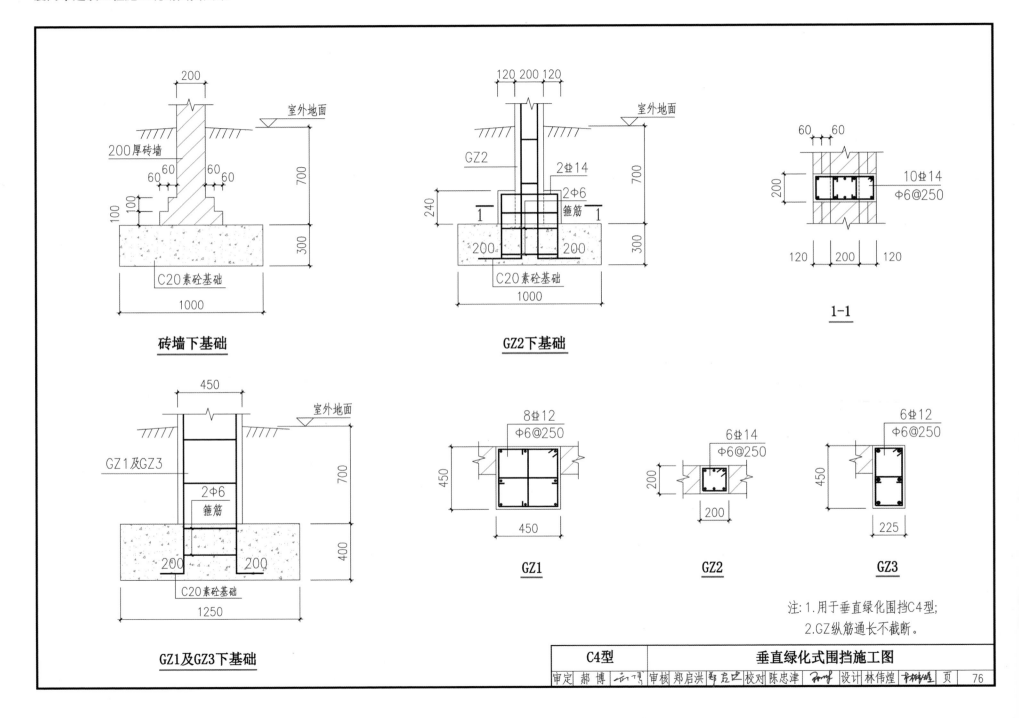

砖墙下基础

GZ2下基础

1-1

GZ1及GZ3下基础

GZ1

GZ2

GZ3

注:1.用于垂直绿化围挡C4型;
2.GZ纵筋通长不截断。

C4型	垂直绿化式围挡施工图

审定 郝博 审核 郑启洪 校对 陈忠津 设计 林伟煌 页 76

C5型垂直绿化式围挡效果图

C5型垂直绿化式围挡贴图排版顺序

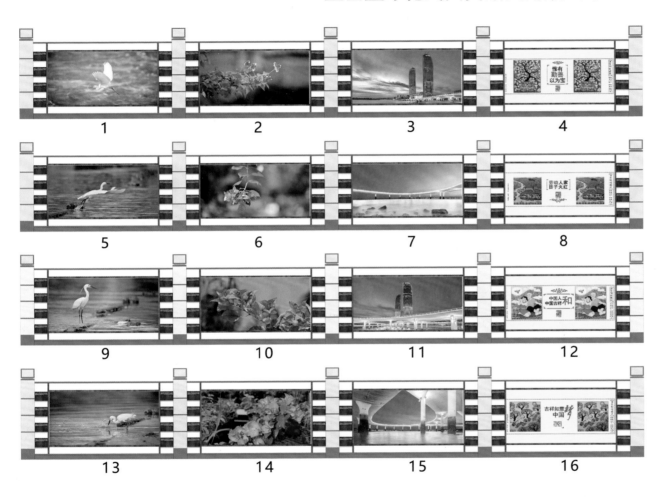

本贴图一共四组，1、2、3、4号图为组一，5、6、7、8号图为组二，9、10、11、12号图为组三，13、14、15、16号图为组四，每组图由白鹭主题、三角梅主题、海洋主题、讲文明树新风主题各一张图片组成，建议按顺序喷绘。

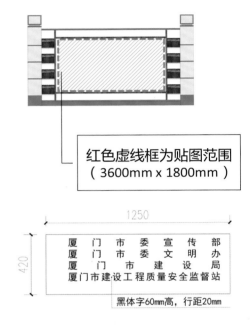

红色虚线框为贴图范围
（3600mm x 1800mm）

厦 门 市 委 宣 传 部
厦 门 市 委 文 明 办
厦 门 市 建 设 局
厦门市建设工程质量安全监督站

黑体字60mm高，行距20mm

4、8、12、16号图，右下角图框内应添加宣传单位名称，其中区管工程可在"厦门市建设局"下方添加一行"厦门市某某区建设局"；同时"厦门市建设工程质量安全监督站"替换为"厦门市某某区建设工程质量安全监督站"。

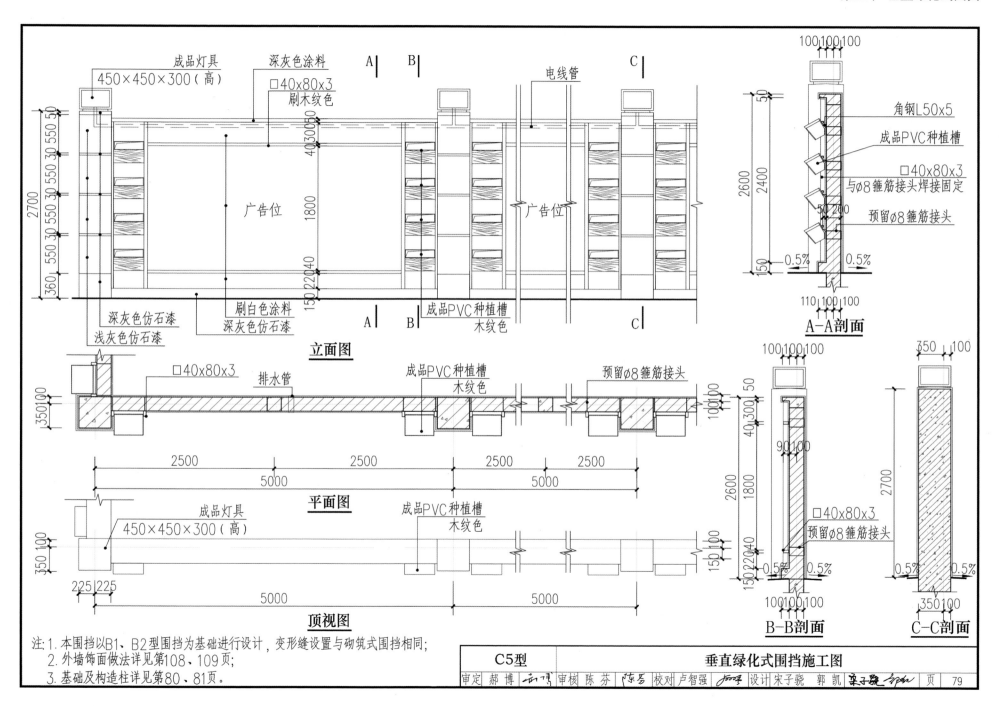

立面图

平面图

顶视图

A-A剖面

B-B剖面

C-C剖面

注：1. 本围挡以B1、B2型围挡为基础进行设计，变形缝设置与砌筑式围挡相同；
　　2. 外墙饰面做法详见第108、109页；
　　3. 基础及构造柱详见第80、81页。

C5型	垂直绿化式围挡施工图
审定 郝博　审核 陈芬　校对 卢智强　设计 宋子骁 郭凯	页 79

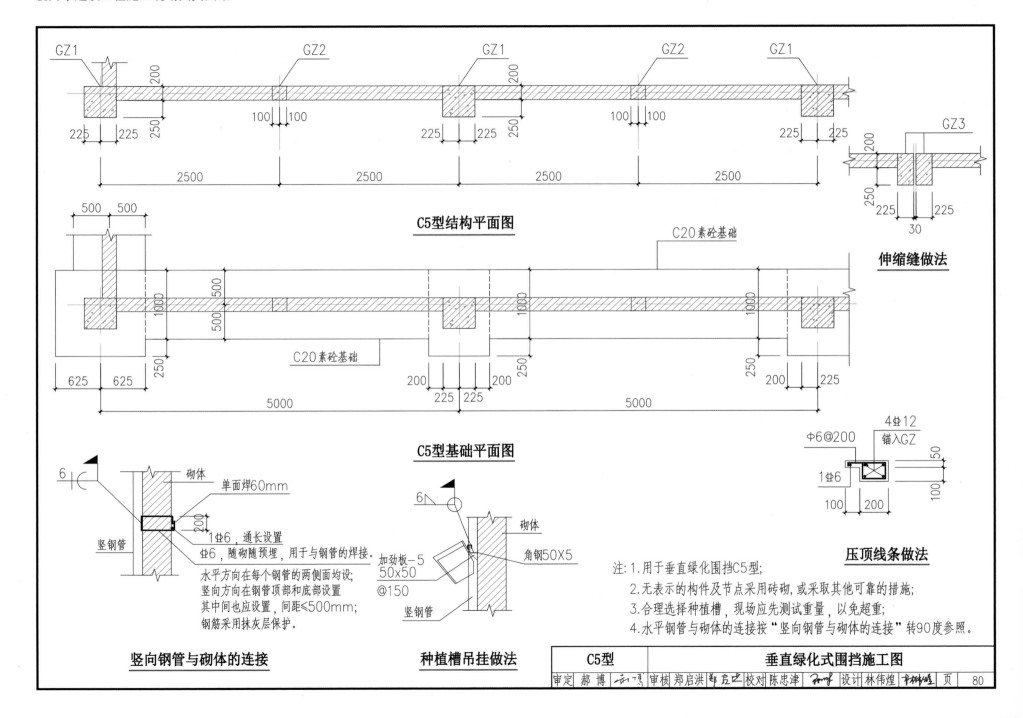

C5型结构平面图

C5型基础平面图

C20素砼基础

GZ3

伸缩缝做法

压顶线条做法

4Φ12
锚入GZ
Φ6@200
1Φ6

竖向钢管与砌体的连接

砌体
单面焊60mm
1Φ6，通长设置
Φ6，随砌随预埋，用于与钢管的焊接。
水平方向在每个钢管的两侧面均设；
竖向方向在钢管顶部和底部设置
其中间也应设置，间距≤500mm；
钢筋采用抹灰层保护。
竖钢管

种植槽吊挂做法

砌体
加劲板-5
50x50
@150
角钢50X5
竖钢管

注：1.用于垂直绿化围挡C5型；
2.无表示的构件及节点采用砖砌，或采取其他可靠的措施；
3.合理选择种植槽，现场应先测试重量，以免超重；
4.水平钢管与砌体的连接按"竖向钢管与砌体的连接"转90度参照。

C5型		垂直绿化式围挡施工图	
审定 郝博	审核 郑启洪	校对 陈忠津	设计 林伟煌

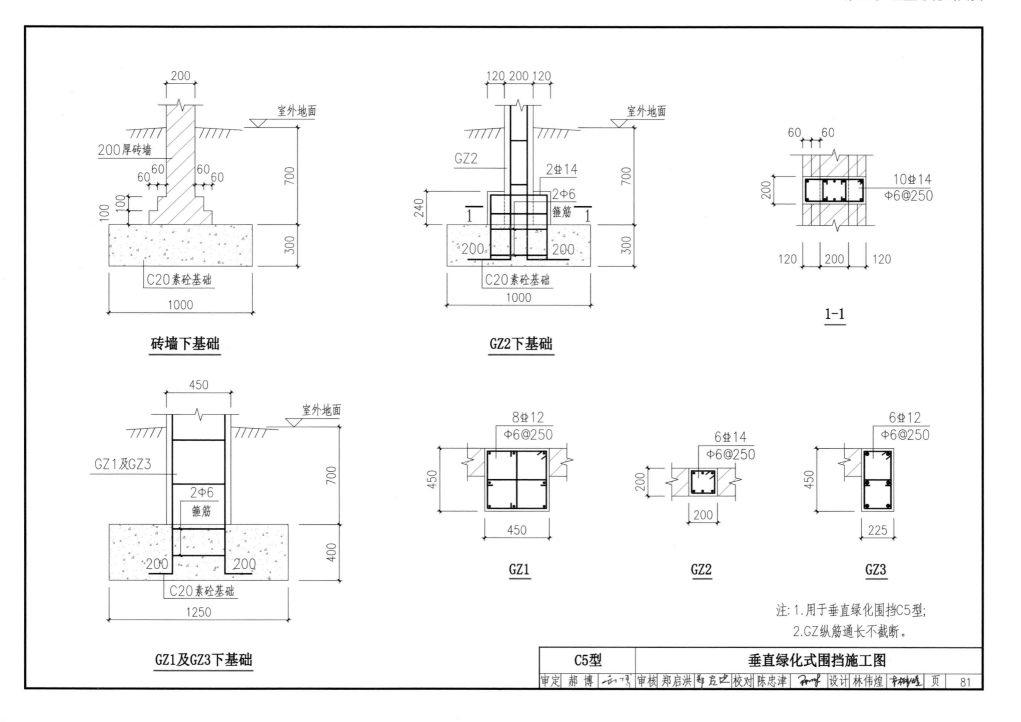

200厚砖墙

C20素砼基础

砖墙下基础

GZ2

2Φ14

2Φ6

箍筋

C20素砼基础

GZ2下基础

10Φ14
Φ6@250

1-1

GZ1及GZ3

2Φ6

箍筋

C20素砼基础

GZ1及GZ3下基础

8Φ12
Φ6@250

GZ1

6Φ14
Φ6@250

GZ2

6Φ12
Φ6@250

GZ3

注: 1.用于垂直绿化围挡C5型;
2.GZ纵筋通长不截断。

C5型	垂直绿化式围挡施工图		页 81
审定 郝博 审核 郑启洪 校对 陈忠津 设计 林伟煌			

C6型垂直绿化式围挡效果图

C6型垂直绿化式围挡贴图排版顺序

本贴图一共四组，1、2、3、4号图为组一，5、6、7、8号图为组二，9、10、11、12号图为组三，13、14、15、16号图为组四，每组图片由白鹭主题、三角梅主题、海洋主题、讲文明树新风主题各一张图片组成，建议按顺序喷绘。

红色虚线框为贴图范围
（4350mm x 2140mm）

1250

420

厦 门 市 委 宣 传 部
厦 门 市 委 文 明 办
厦 门 市 建 设 局
厦门市建设工程质量安全监督站

黑体字60mm高，行距20mm

4、8、12、16号图，右下角图框内应添加宣传单位名称，其中区管工程可在"厦门市建设局"下方添加一行"厦门市某某区建设局"；同时"厦门市建设工程质量安全监督站"替换为"厦门市某某区建设工程质量安全监督站"。

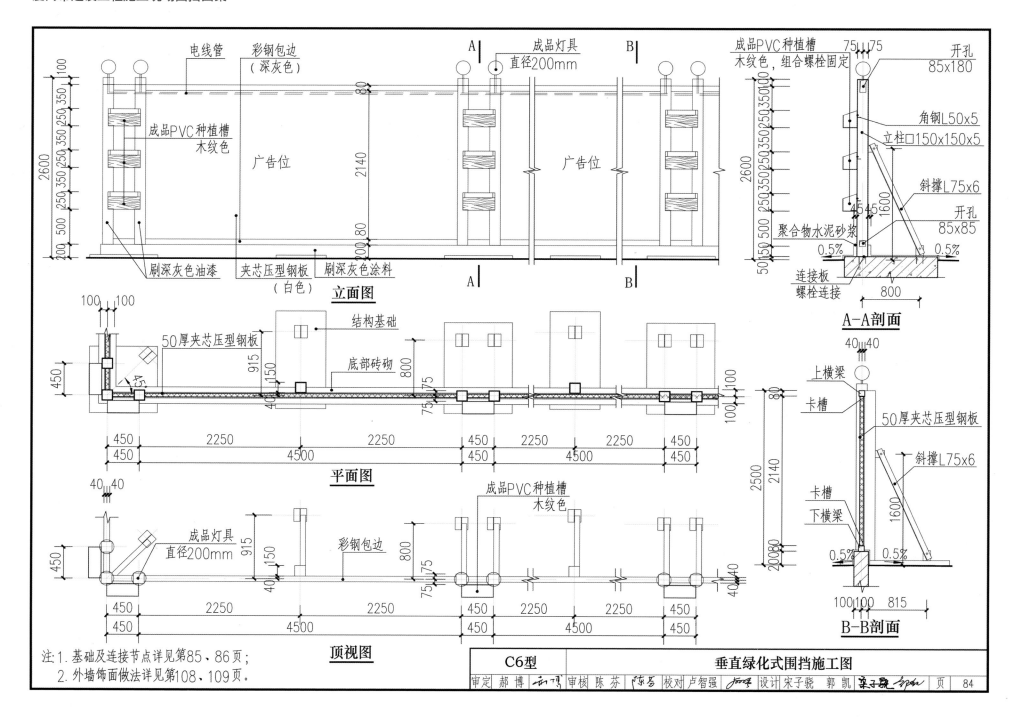

立面图

平面图

顶视图

A—A剖面

B—B剖面

注：1. 基础及连接节点详见第85、86页；
2. 外墙饰面做法详见第108、109页。

C6型	垂直绿化式围挡施工图
审定 郝博	审核 陈芬	校对 卢智强	设计 宋子骁 郭凯	页 84

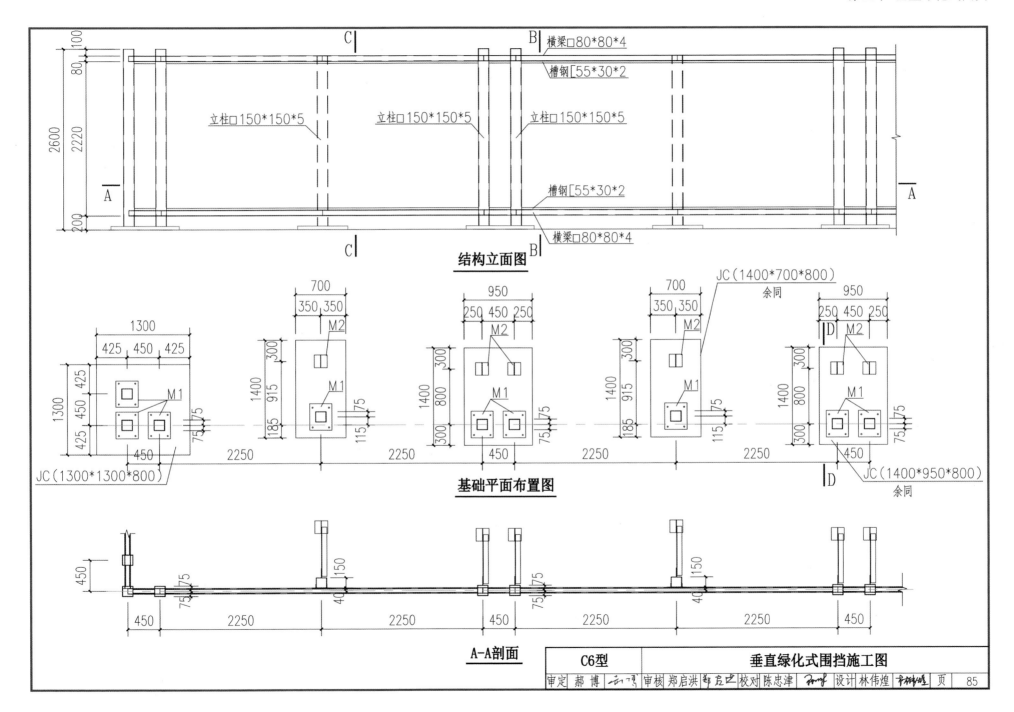

结构立面图

基础平面布置图

A-A剖面

C6型	垂直绿化式围挡施工图

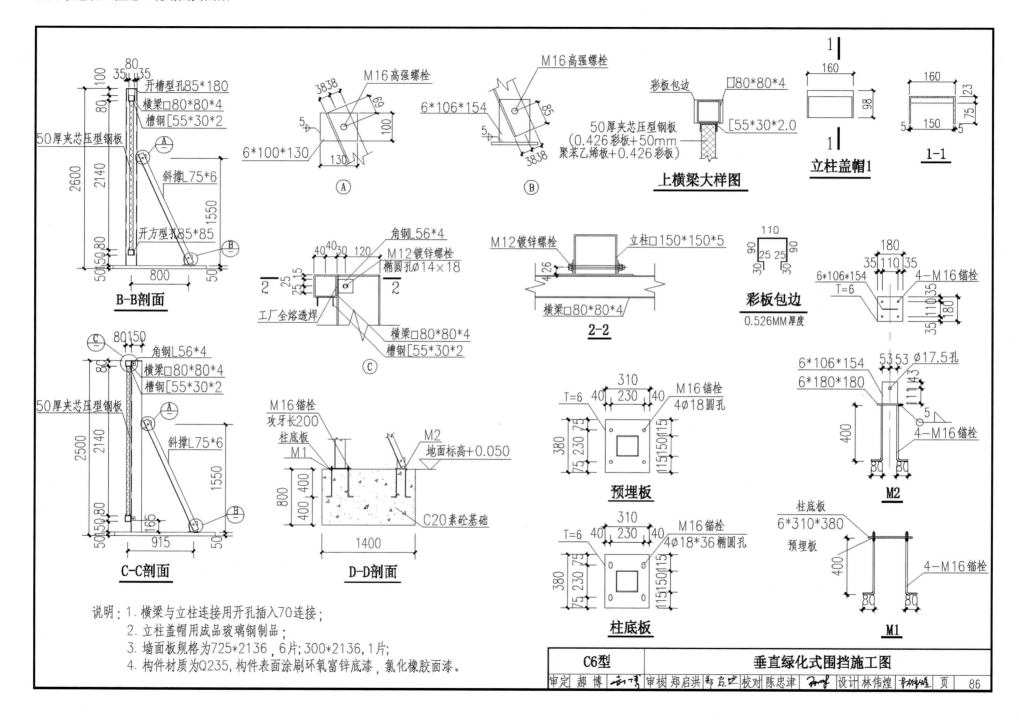

说明：1. 横梁与立柱连接用开孔插入70连接；
2. 立柱盖帽用成品玻璃钢制品；
3. 墙面板规格为725*2136，6片；300*2136，1片；
4. 构件材质为Q235，构件表面涂刷环氧富锌底漆，氯化橡胶面漆。

C6型	垂直绿化式围挡施工图

审定 郝博 审核 郑启洪 校对 陈忠津 设计 林伟煌 页 86

第四章　工地大门

D1型大门效果图（蓝色）

D1型大门效果图（红色）

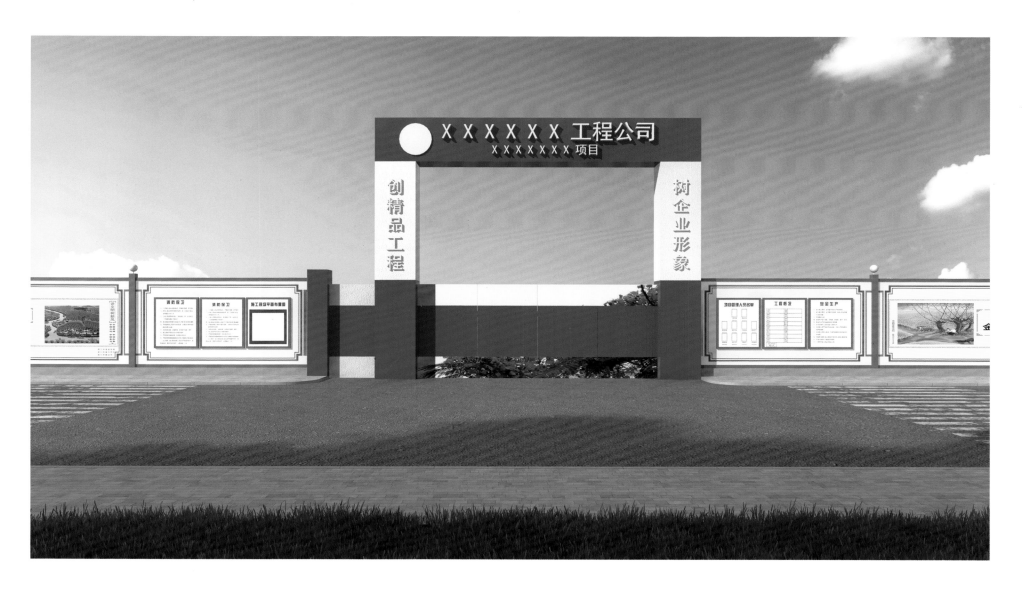

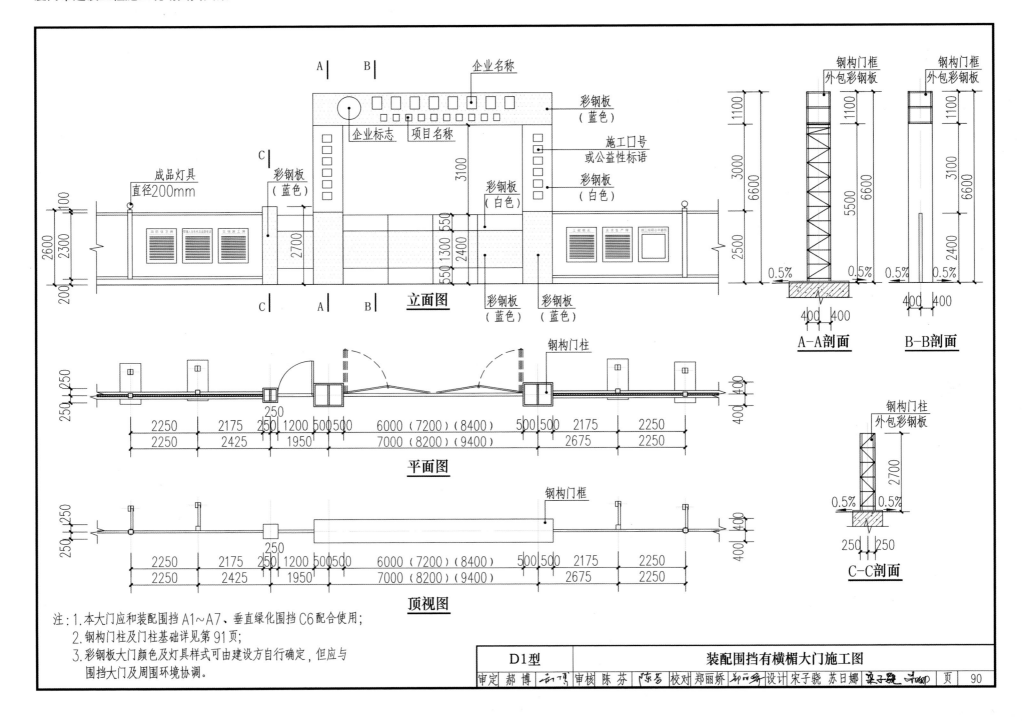

立面图

平面图

顶视图

A-A剖面

B-B剖面

C-C剖面

注：1.本大门应和装配围挡 A1~A7、垂直绿化围挡 C6配合使用；
　　2.钢构门柱及门柱基础详见第91页；
　　3.彩钢板大门颜色及灯具样式可由建设方自行确定,但应与
　　　围挡大门及周围环境协调。

D1型	装配围挡有横楣大门施工图			
审定 郝 博	审核 陈 芬	校对 郑丽娇	设计 宋子骁 苏日娜	页 90

企业名称
彩钢板（蓝色）
企业标志　项目名称
施工口号或公益性标语
彩钢板（白色）
彩钢板（白色）
成品灯具直径200mm
彩钢板（蓝色）
彩钢板（蓝色）
彩钢板（蓝色）
彩钢板（蓝色）
钢构门框外包彩钢板
钢构门柱
钢构门柱外包彩钢板
钢构门框

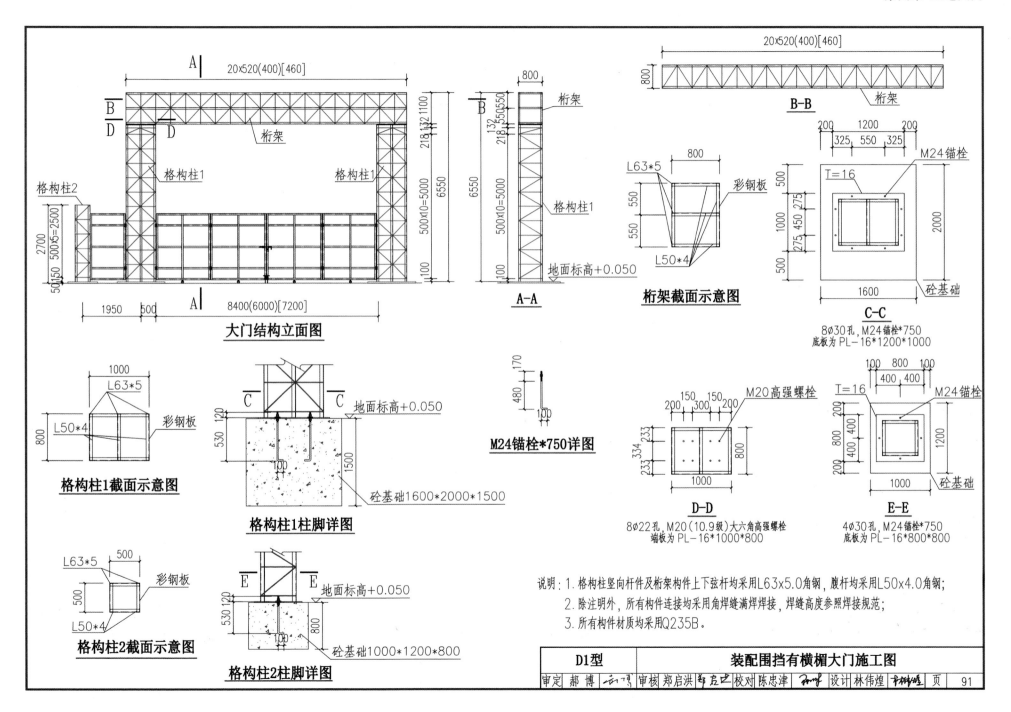

大门结构立面图

A-A

B-B

桁架截面示意图

C-C
8φ30孔, M24锚栓*750
底板为 PL-16*1200*1000

格构柱1截面示意图

格构柱1柱脚详图

M24锚栓*750详图

D-D
8φ22孔, M20(10.9级)大六角高强螺栓
端板为 PL-16*1000*800

E-E
4φ30孔, M24锚栓*750
底板为 PL-16*800*800

格构柱2截面示意图

格构柱2柱脚详图

说明：1. 格构柱竖向杆件及桁架构件上下弦杆均采用L63x5.0角钢, 腹杆均采用L50x4.0角钢;
2. 除注明外, 所有构件连接均采用角焊缝满焊焊接, 焊缝高度参照焊接规范;
3. 所有构件材质均采用Q235B。

D1型	装配围挡有横楣大门施工图						
审定 郝 博		审核 郑启洪		校对 陈忠津		设计 林伟煌	页 91

D2型大门效果图（蓝色）

D2型大门效果图（红色）

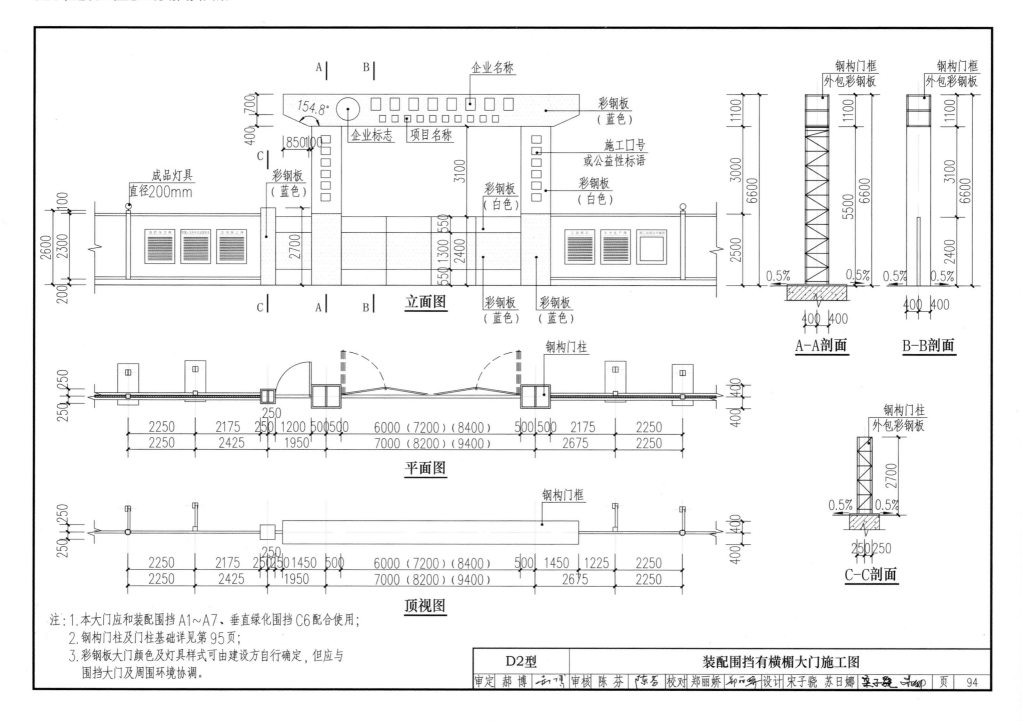

立面图

平面图

顶视图

A-A剖面

B-B剖面

C-C剖面

注：1.本大门应和装配围挡A1~A7、垂直绿化围挡C6配合使用；
　　2.钢构门柱及门柱基础详见第95页；
　　3.彩钢板大门颜色及灯具样式可由建设方自行确定,但应与
　　　围挡大门及周围环境协调。

D2型	装配围挡有横楣大门施工图				页
审定 郝 博	审核 陈 芬	校对 郑丽娇	设计 宋子骁 苏日娜		94

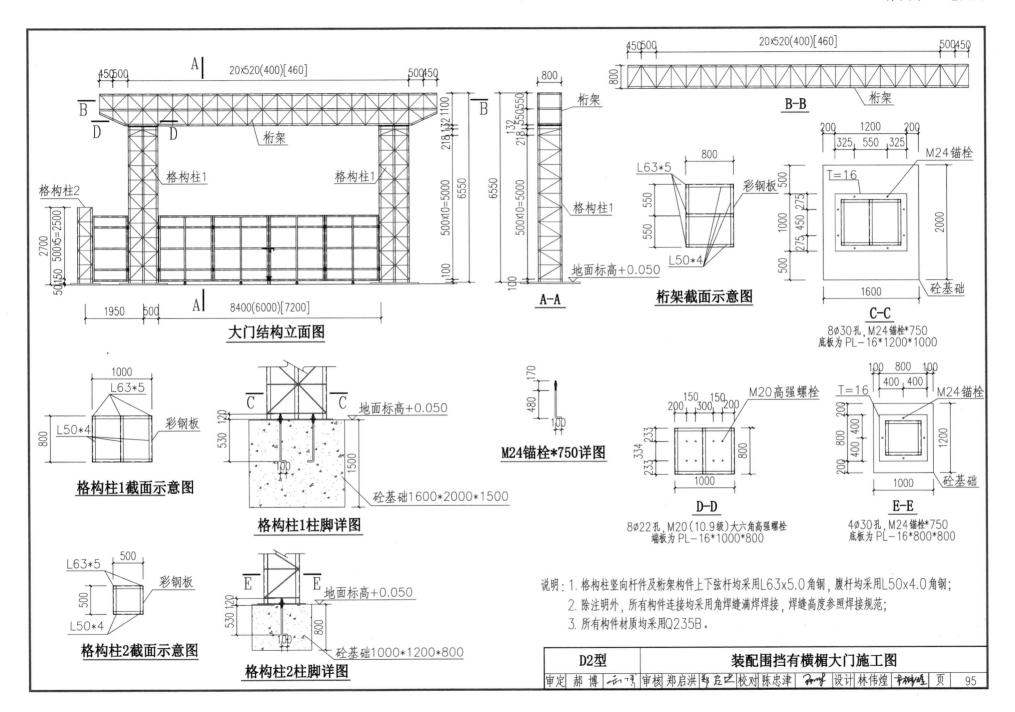

大门结构立面图

A-A

桁架截面示意图

C-C
8φ30孔，M24锚栓*750
底板为PL-16*1200*1000

B-B

格构柱1截面示意图

格构柱1柱脚详图

M24锚栓*750详图

D-D
8φ22孔，M20(10.9级)大六角高强螺栓
端板为PL-16*1000*800

E-E
4φ30孔，M24锚栓*750
底板为PL-16*800*800

格构柱2截面示意图

格构柱2柱脚详图

说明：1. 格构柱竖向杆件及桁架构件上下弦杆均采用L63x5.0角钢，腹杆均采用L50x4.0角钢；
2. 除注明外，所有构件连接均采用角焊缝满焊焊接，焊缝高度参照焊接规范；
3. 所有构件材质均采用Q235B。

D2型		装配围挡有横楣大门施工图			
审定 郝 博	审核 郑启洪	校对 陈忠津	设计 林伟煌		页 95

D3型大门效果图

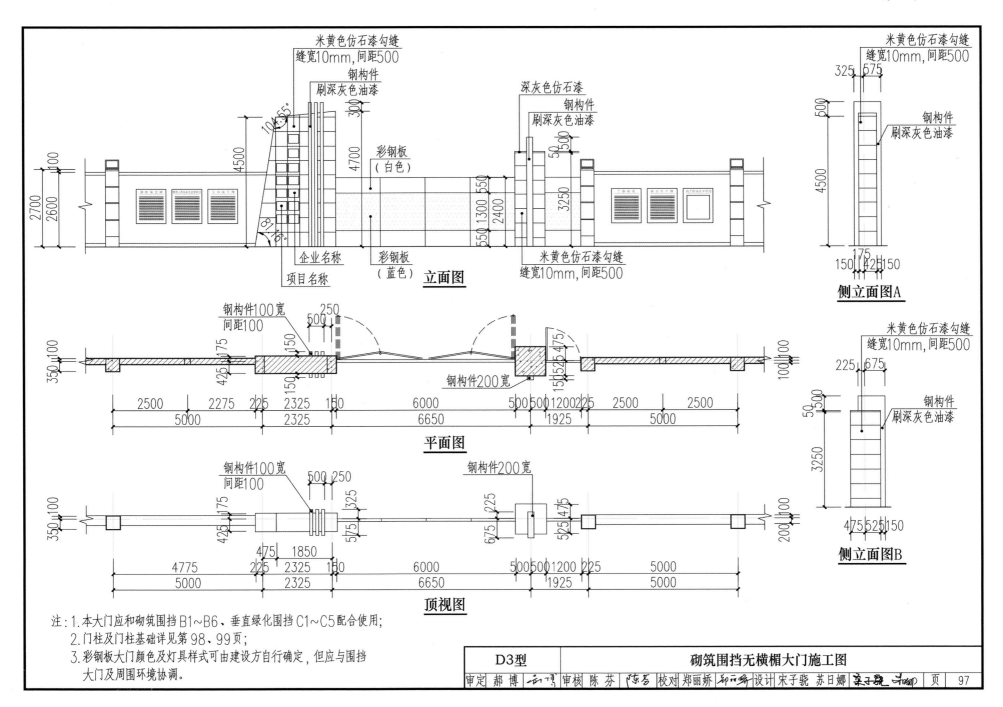

立面图

侧立面图A

平面图

侧立面图B

顶视图

注：1.本大门应和砌筑围挡B1~B6、垂直绿化围挡C1~C5配合使用；
　　2.门柱及门柱基础详见第98、99页；
　　3.彩钢板大门颜色及灯具样式可由建设方自行确定,但应与围挡
　　　大门及周围环境协调。

D3型	砌筑围挡无横楣大门施工图			
审定 郝 博	审核 陈 芬	校对 郑丽娇	设计 宋子骁 苏日娜	页 97

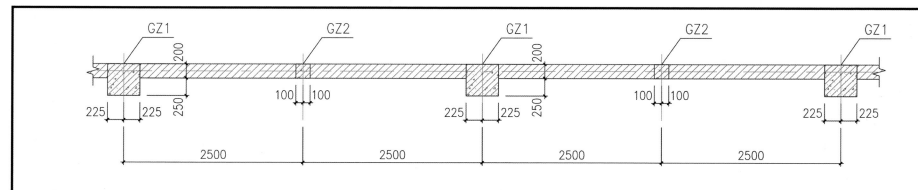

1000×1000门柱
此柱地面以上采用M7.5混合砂浆砌筑

砌筑围挡结构平面示意

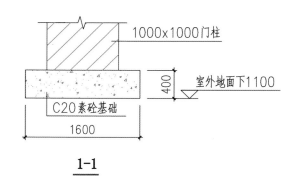

1000×1000门柱基础平面

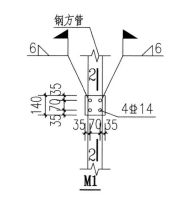

M1

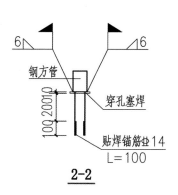

2-2

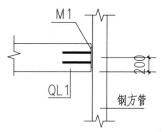

造型钢方管与QL1连接大样

QL1处均预留埋件，用于与钢方管的焊接。

注: 1. 此大门与砌筑围挡配合使用；
  2. 门柱采用砖砌，注意与周边墙体之间拉结筋的设置；
  3. 注意门扇、灯具等相关埋件的设置，埋件处应采用砼块砌；
  4. 门柱的砌法严格按规范，不得采用包心砌筑；
  5. 钢方管与砼柱连接每隔≤2500设置一道埋件与钢方管焊接，做法参照"造型钢方管与QL1连接大样"。

D3型	砌筑围挡无横楣大门施工图			
审定 郝博	审核 郑启洪	校对 陈忠津	设计 林伟煌	页 98

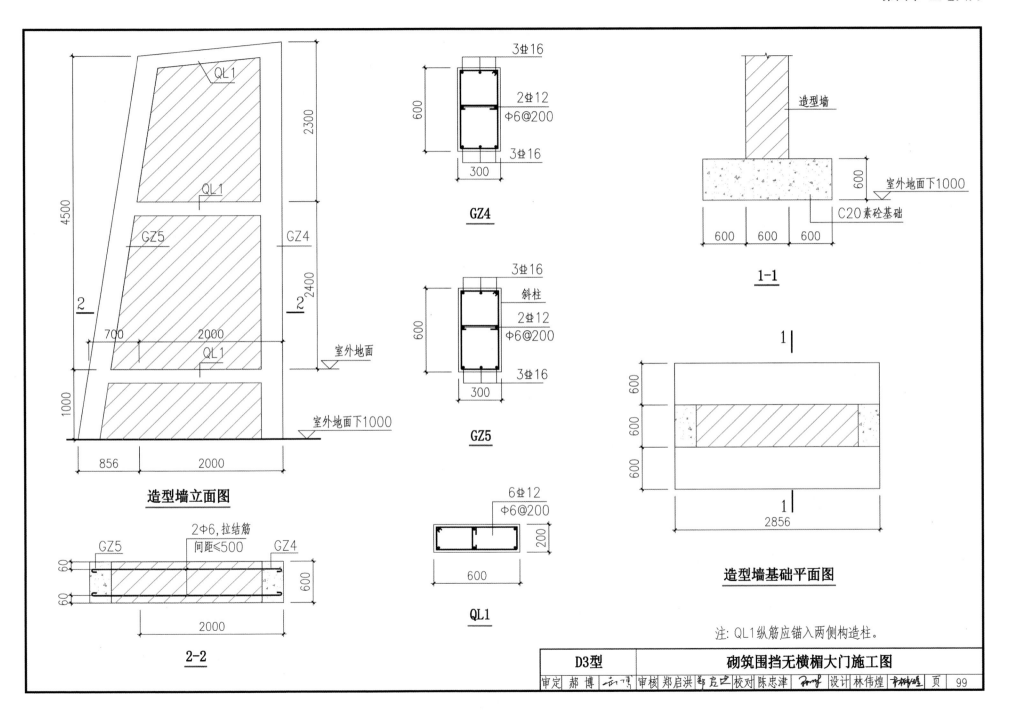

造型墙立面图

GZ4

GZ5

QL1

2-2

1-1

造型墙基础平面图

注: QL1纵筋应锚入两侧构造柱。

D3型	砌筑围挡无横楣大门施工图	页
审定 郝博	审核 郑启洪 校对 陈忠津 设计 林伟煌	99

D4型大门效果图

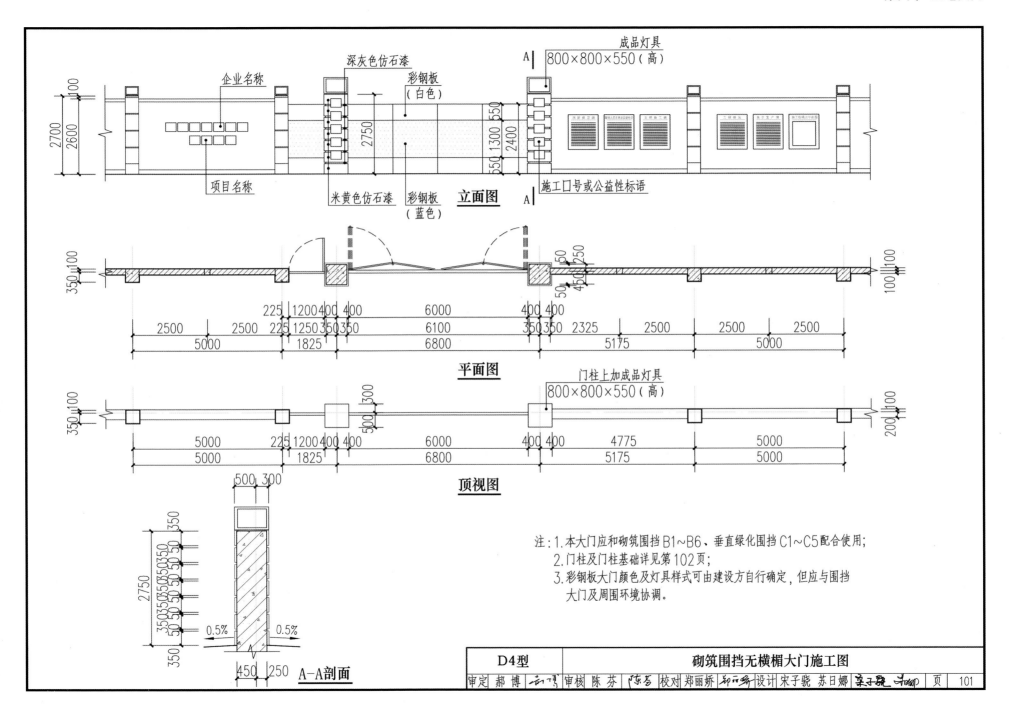

立面图

平面图

顶视图

A-A剖面

注：1.本大门应和砌筑围挡B1~B6、垂直绿化围挡C1~C5配合使用；
2.门柱及门柱基础详见第102页；
3.彩钢板大门颜色及灯具样式可由建设方自行确定，但应与围挡大门及周围环境协调。

D4型	砌筑围挡无横楣大门施工图
审定 郝博 审核 陈芬 校对 郑丽娇 设计 宋子骁 苏日娜	页 101

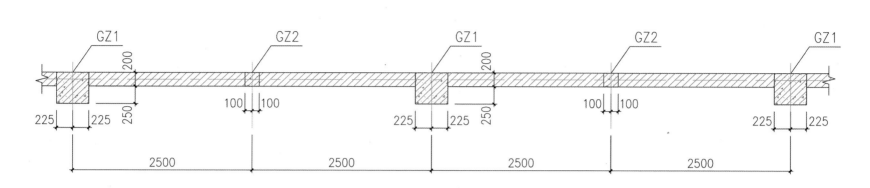

砌筑围挡结构平面示意

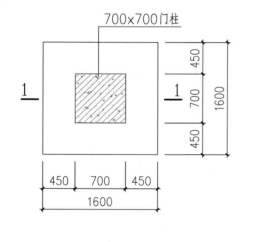

700×700门柱基础平面

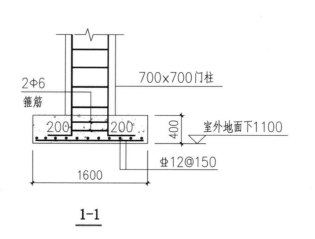

1-1

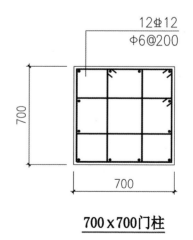

700×700门柱

注: 1.此大门与砌筑围挡配合使用;
　　2.门柱应注意与周边墙体之间拉结筋的设置。

D4型	砌筑围挡无横楣大门施工图				页 102
审定 郝 博	审核 郑启洪	校对 陈忠津	设计 林伟煌		

D5型大门效果图

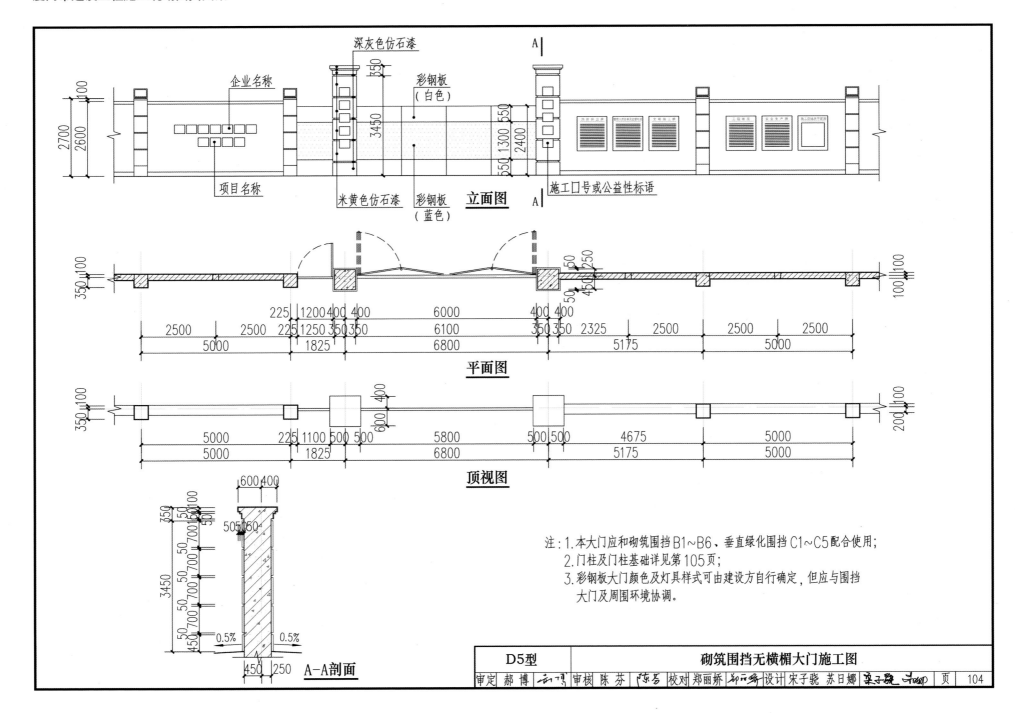

企业名称

深灰色仿石漆

彩钢板
（白色）

2700
2600
100

3450
550
1300
2400
550

350

项目名称

米黄色仿石漆

彩钢板
（蓝色）

施工口号或公益性标语

立面图

350
100

225 1200 400 400
6000
400 400

2500
2500
225 1250 350 350
6100
350 350 2325
2500
2500
2500

5000
1825
6800
5175
5000

平面图

350
100

400
600

200
100

5000
225 1100 500 500
5800
500 500
4675
5000

5000
1825
6800
5175
5000

顶视图

350
50
100

600 400

505050

3450

50 700 450
50 700
50 700
50 700
50 700

0.5%
0.5%

450
250

A—A剖面

注：1.本大门应和砌筑围挡 B1~B6、垂直绿化围挡 C1~C5 配合使用；
　　2.门柱及门柱基础详见第 105 页；
　　3.彩钢板大门颜色及灯具样式可由建设方自行确定，但应与围挡
　　　大门及周围环境协调。

D5型	砌筑围挡无横楣大门施工图				页 104
审定 郝 博	审核 陈 芬	校对 郑丽娇	设计 宋子骁 苏日娜		

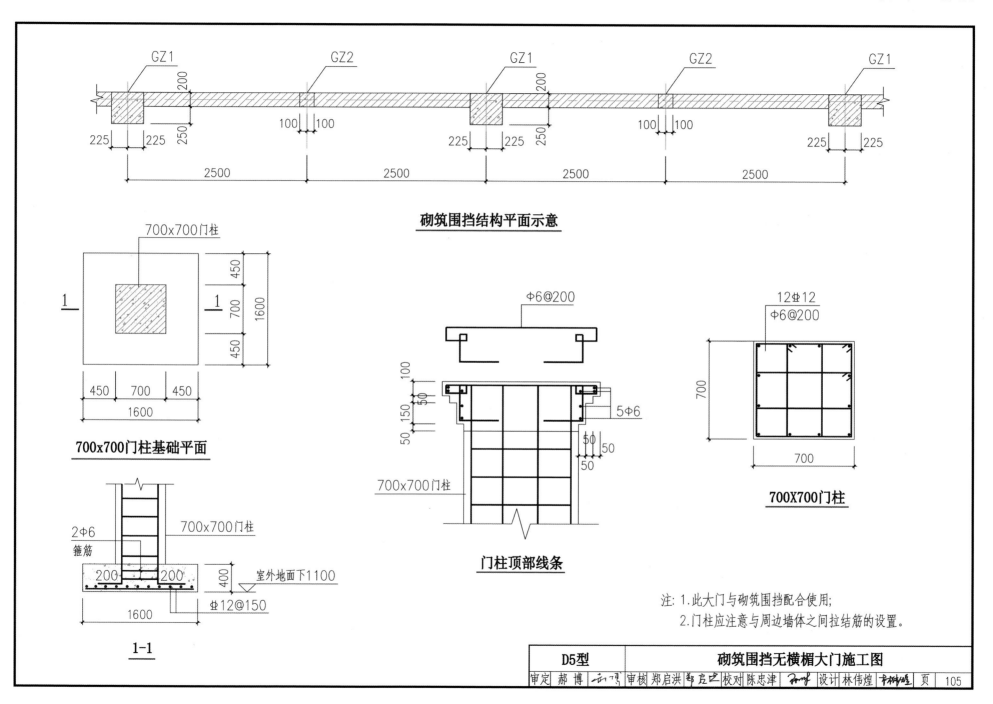

GZ1　GZ2　GZ1　GZ2　GZ1

200　200

250　250

225　225　225　225　225　225

100　100　100　100

2500　2500　2500　2500

砌筑围挡结构平面示意

700x700门柱

450
1600
700
450

1　　1

450　700　450
1600

700x700门柱基础平面

Φ6@200

100
150
50
50

5Φ6

50　50
50

700x700门柱

门柱顶部线条

12单12
Φ6@200

700

700

700X700门柱

2Φ6
箍筋

700x700门柱

200　200

400

室外地面下1100

1600

单12@150

1-1

注: 1.此大门与砌筑围挡配合使用;
　　2.门柱应注意与周边墙体之间拉结筋的设置。

D5型	砌筑围挡无横楣大门施工图	
审定 郝 博	审核 郑启洪	校对 陈忠津　设计 林伟煌

第五章 构造做法

编号与类别	名称及墙体基面	用料及分层做法	厚度	附注
①	水泥砂浆墙面 （砖墙）	1. 6厚1：2.5水泥砂浆面层 2. 12厚1：3水泥砂浆打底扫毛或划出纹道	18	
②	水泥砂浆墙面 （混凝土墙）	1. 6厚1：2.5水泥砂浆面层 2. 12厚1：3水泥砂浆打底扫毛或划出纹道 3. 刷聚合物水泥浆一道	18	
③	涂料墙面 （砖墙）	1. 涂料面层 2. 1：1：0.2水泥、砂、建筑胶液拉毛面层 3. 6厚1：2.5水泥砂浆抹平，表面扫毛或划出纹道 4. 12厚1：3水泥砂浆打底搓出麻面	20	涂料颜色详见立面图
④	涂料墙面 （混凝土墙）	1. 涂料面层 2. 1：1：0.2水泥、砂、建筑胶液拉毛面层 3. 12厚1：2.5水泥砂浆找平 4. 刷素水泥浆一道（内掺水重5%建筑胶） 5. 5厚1：3水泥砂浆打底扫毛 6. 刷聚合物水泥浆一道	20	涂料颜色详见立面图
⑤	仿石漆涂料墙面 （砖墙）	1. 涂料面层 2. 涂料底层 3. 着色剂 4. 刷封底涂料增强粘结力 5. 6厚1：2.5水泥砂浆抹平 6. 12厚1：3水泥砂浆打底扫毛或划出纹道	21	1.涂料颜色详见立面图 2.面层外可加一道罩面防水层

饰面做法（一）

审定 郝 博　审核 陈 芬　校对 郑丽娇　设计 宋子骁 苏日娜

编号与类别	名称及墙体基面	用料及分层做法	厚度	附注
⑥	仿石漆涂料墙面 （混凝土墙）	1. 涂料面层 2. 涂料底层 3. 着色剂 4. 刷封底涂料增强粘结力 5. 12厚1：2.5水泥砂浆找平 6. 刷素水泥浆一道（内掺水重5%建筑胶） 7. 5厚1：3水泥砂浆打底扫毛 8. 刷聚合物水泥浆一道	21	1. 涂料颜色详见立面图 2. 面层外可加一道罩面防水层
⑦	面砖墙面 （砖墙）	1. 1:1水泥砂浆勾缝 2. 贴8~10厚外墙砖，在砖粘贴面上随贴随涂刷一层混凝土界面处理剂,增强粘结力 3. 6厚1：2.5水泥砂浆抹平（掺建筑胶） 4. 12厚1：3水泥砂浆打底搓出麻面	28	面砖规格45X195、50X230、60X230
⑧	面砖墙面 （混凝土墙）	1. 1:1水泥砂浆勾缝 2. 贴8~10厚外墙砖，在砖粘贴面上随贴随涂刷一层混凝土界面处理剂,增强粘结力 3. 6厚1：2.5水泥砂浆找平 4. 刷素水泥浆一道（内掺水重5%建筑胶） 5. 5厚1：3水泥砂浆打底扫毛 6. 刷聚合物水泥浆一道	22	面砖规格45X195、50X230、60X230
⑨	合成树脂调和漆 （金属面）	1. 清理基层 2. 刷防锈漆一至二遍 3. 满刮腻子，磨平 4. 涂饰调和漆二遍		1. 酚醛树脂漆或醇酸树脂漆 2. 各种种类油漆和材料应配套使用

饰面做法（二）

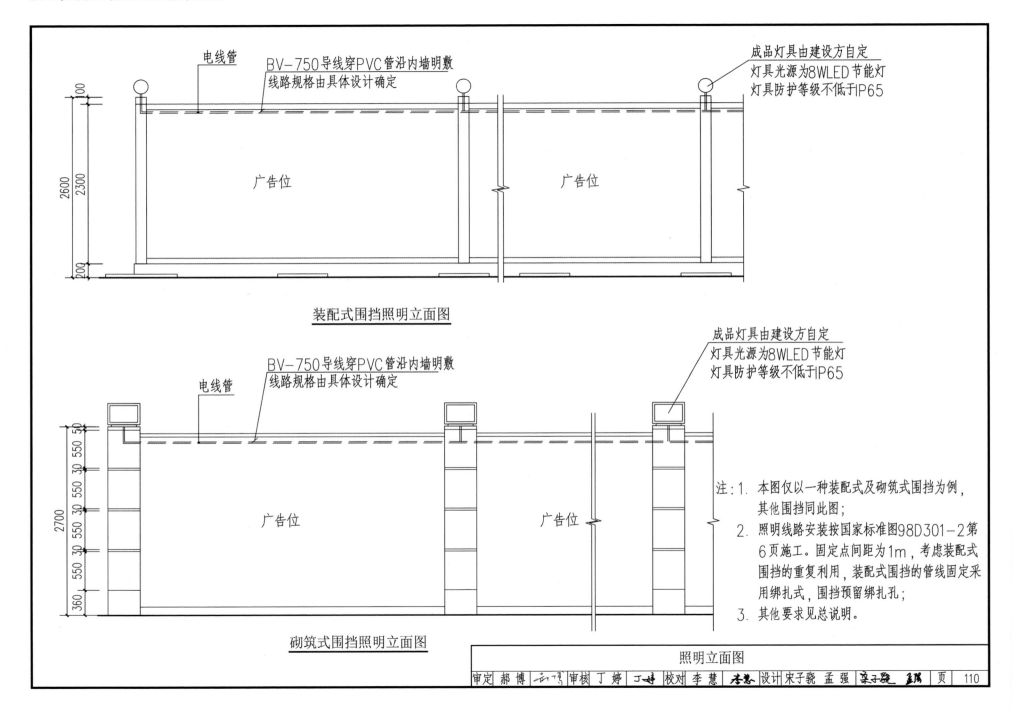

电线管

BV-750导线穿PVC管沿内墙明敷
线路规格由具体设计确定

成品灯具由建设方自定
灯具光源为8WLED节能灯
灯具防护等级不低于IP65

广告位

广告位

装配式围挡照明立面图

成品灯具由建设方自定
灯具光源为8WLED节能灯
灯具防护等级不低于IP65

电线管

BV-750导线穿PVC管沿内墙明敷
线路规格由具体设计确定

广告位

广告位

注:1. 本图仅以一种装配式及砌筑式围挡为例,
其他围挡同此图;
2. 照明线路安装按国家标准图98D301-2第
6页施工。固定点间距为1m,考虑装配式
围挡的重复利用,装配式围挡的管线固定采
用绑扎式,围挡预留绑扎孔;
3. 其他要求见总说明。

砌筑式围挡照明立面图

照明立面图

审定 郝博 审核 丁婷 校对 李慧 设计 宋子骁 孟强 页 110

附录

参与编制本图集的单位	联系人	电话
厦门市建设局	郭炜锋	0592-8123100
厦门陆原建筑设计院有限公司	郝 博	0592-3123913
厦门市建设工程质量安全监督站	姚永黎	0592-2277226
郑州中兴工程监理有限公司厦门分公司	陈惠兰	0592-3123828

图书在版编目(CIP)数据

厦门市建设工程施工现场围挡图集:2017 版/蔡森林主编. —厦门:厦门大学出版社,2017.9
ISBN 978-7-5615-6620-6

Ⅰ.①厦… Ⅱ.①蔡… Ⅲ.①施工现场-围墙-施工设计-厦门-图集 Ⅳ.①TU227-64

中国版本图书馆 CIP 数据核字(2017)第 177219 号

出版发行 厦门大学出版社

社　　址	厦门市软件园二期望海路 39 号
邮政编码	361008
总 编 办	0592-2182177　0592-2181406(传真)
营销中心	0592-2184458　0592-2181365
网　　址	http://www.xmupress.com
邮　　箱	xmup@xmupress.com
印　　刷	厦门市金凯龙印刷有限公司

开本	889mm×1194mm　1/16
印张	7.5
字数	220 千字
印数	1～3 000 册
版次	2017 年 9 月第 1 版
印次	2017 年 9 月第 1 次印刷
定价	120.00 元

本书如有印装质量问题请直接寄承印厂调换

厦门大学出版社
微信二维码

厦门大学出版社
微博二维码